Programmiersprachen für die numerische Werkzeugmaschinensteuerung

von

Ulrich Grupe

1974

Walter de Gruyter · Berlin · New York

SAMMLUNG GÖSCHEN 8004

Dr. *Ulrich Grupe*
Leiter der Zentralabteilung NC-Technik
bei VFW-Fokker, Bremen

ISBN 3 11 004240 1

Inhalt

Verzeichnis der Kurzzeichen und ihrer Bedeutungen

a	Abstandswert
aa	arithmetischer Ausdruck
ap	Aktualparameter eines Macro-Aufrufs
b	Fasenlänge
b	Materialschlüsselnummer
d	Durchmesserwert
dw	Winkelinkrementwert
dx	Inkrementwert in X-Richtung
dy	Inkrementwert in Y-Richtung
dz	Inkrementwert in Z-Richtung
e	Werkzeugidentnummer
ex	x-Komponente des Einheitsvektors
ey	y-Komponente des Einheitsvektors
ez	z-Komponente des Einheitsvektors
f	Magazinplatznummer
fp	formaler Parameter
g	Spindelrückhubcharakteristik
h	Gewindesteigung in mm
ha	Länge der großen Halbachse einer Ellipse
hb	Länge der kleinen Halbachse einer Ellipse
hh	Länge der halben Hauptachse einer Hyperbel
hn	Länge der halben Nebenachse einer Hyperbel
i	Ordnungszahl
j	Fasendurchmesserwert
l	Längenwert der Werkzeugvoreinstellung
m	Fasenwinkelwert
n	Anzahl
n	Drehzahl
no	Korrekturschalternummer
nw	Normalwert eines formalen Parameter
p	Gewindetyp-Schlüsselzahl
r	Radiuswert

rtf Rauhtiefenwert beim Feinschlichten
rts Rauhtiefenwert beim Schlichten
s Vorschubwert
sa Symbol einer Anweisung
sb Symbol einer definierten Bohrbearbeitung
sd Symbol einer definierten Drehbearbeitung
se Symbol einer definierten Ebene
sel Symbol einer definierten Ellipse
sf Symbol einer definierten Fräsbearbeitung
sh Symbol einer definierten Hyperbel
sk Symbol eines definierten Kreis
skm Symbol einer definierten Konturmarkierung
sks Symbol eines definierten Kegelschnittes
skt Symbol einer definierten Kontur
sl Symbol einer definierten Gerade
sm Symbol eines definierten Macros
so Symbol einer definierten Oberfläche
sp Symbol eines definierten Punkt
spm Symbol eines definierten Punktmusters
sq Symbol einer definierten Quadrik
st Symbol eines definierten tabellierten Zylinders
sv Symbol eines definierten Vektors
sz Eintauchvorschubwert
t Tiefenwert
ta äußerer Toleranzwert
td prozentualer Überdeckungsgrad
ti innerer Toleranzwert
tia beidseitiger Toleranzwert
ts prozentualer Korrekturwert für den Vorschub
tv prozentualer Korrekturwert für die Schnittgeschwindigkeit
v Schnittgeschwindigkeitswert
w Winkelwert
x x-Kordinatenwert
y y-Kordinatenwert
z z-Kordinatenwert
zo oberer z-Höhenwert einer Kontur
zu unterer z-Höhenwert einer Kontur

1. Einführung

Ausgehend von theoretischen Vorarbeiten am Massachusetts Institute of Technology im Jahre 1949 wurden im Anfang der fünfziger Jahre in den Vereinigten Staaten von Amerika numerisch gesteuerte Werkzeugmaschinen entwickelt [12]. Diese Maschinen dienten dazu, komplizierte dreidimensionale Profilteile, hauptsächlich für die Luft- und Raumfahrtindustrie, zu erzeugen. Aufgrund der komplexen Geometrie dieser Teile war es von vornherein klar, daß die Steuerprogramme für derartige „3D-bahngesteuerte“ Maschinen mittels Digitalrechnern erstellt werden müssen. Dementsprechend wurde schon in der zweiten Hälfte der fünfziger Jahre, ebenfalls in den USA, das Programmiersystem APT (Automatically Programmed Tools) entwickelt, das es gestattet, in einer leicht erlernbaren Symbol-Sprache derartige Teile sowie deren Fertigungsablauf zu beschreiben [1].

Bald nach dem Bekanntwerden dieser Entwicklung stellte man fest, daß das Prinzip der numerischen Steuerung nicht nur für komplexe Teile fertigungstechnische Vorteile gegenüber den bisherigen manuellen Verfahren bietet. Auch bei geometrisch einfachen Teilen lassen sich mit diesem Prinzip Zeit- und Kostenvorteile erzielen, wenn die Stückzahlen den Einsatz von aufwendigen Automaten verbieten. Die numerische Steuerung sollte helfen, die Einzelteil- und Kleinserienfertigung zu rationalisieren.

Diese Überlegungen führten Anfang der sechziger Jahre zur Entwicklung von numerisch gesteuerten Werkzeugmaschinen, die für einfache Bohr-, Fräs- und Drehbearbeitungen geeignet waren. Die Steuerprogramme für diese Maschinen wurden damals hauptsächlich „manuell“, d. h. durch tabellarisches Aufschreiben der notwendigen Informationen und Ablochen mittels Schreibautomaten auf einem Lochstreifen, erstellt.

Mit fortschreitender Verbreitung dieser Maschinen und der

Entwicklung von aufwendigeren Anlagen die die fertigungstechnischen Möglichkeiten erweiterten, wuchs der Bedarf an Steuerprogrammen in Anzahl und Komplexität. Folgerichtig wurde auch die Entwicklung von entsprechenden Programmiersprachen auf dem Sektor der Formulierung technologischer Sachverhalte vorangetrieben, so daß komplexe Fertigungsabläufe einfach programmierbar wurden. Bedeutendster Vertreter dieser Richtung ist das in Deutschland entwickelte Programmiersystem EXAPT [11].

Im Folgenden wird der Versuch unternommen, einen Überblick über die derzeitigen Möglichkeiten von Mehrzweck-Sprachen für die numerische Werkzeugmaschinensteuerung zu geben.

2. Die numerisch gesteuerte Werkzeugmaschine

Es kann nicht der Sinn dieses einführenden Abschnittes sein, numerisch gesteuerte Werkzeugmaschinen ausführlich zu behandeln. Hierfür ist nicht der Raum; es muß auf die einschlägige Literatur verwiesen werden [12]. Notwendig ist aber, durch eine bewußt simplifizierende Darstellung einfache Ersatzvorstellungen zu entwickeln, die für das Verständnis der Programmiersprachen erforderlich sind.

2.1. Begriffsbestimmung

Der Begriff „numerische Steuerung" ist unabhängig von der Werkzeugmaschine zu sehen und besagt ganz allgemein, daß die Dateneingabe – oder auch die Sollwertvorgabe – eines Steuerungssystems in numerischer, d. h. zahlenmäßiger, Form erfolgt. Im engeren Sinne besagt „numerische Steuerung" allerdings nicht nur, daß irgendwelche Eingabedaten zahlenmäßig in irgendein Steuerungssystem eingegeben werden (was z. B. auch für das normale Telefonvermittlungssystem zutrifft), sondern genauer, daß diese Eingabedaten auf einem Informationsträger gespeichert sind, der maschinell – oder wenn man so will „automatisch" – gelesen werden kann. Erst hierdurch ist die Möglichkeit gegeben, eine Folge von

Steuerungsschritten, d. h. ein „Steuerprogramm", selbsttätig ablaufen zu lassen. (In diesem Sinne ist z. B. ein Anrufwiederholer eine numerische Steuerung.)

2.2 Das Prinzip der numerischen Werkzeugmaschinensteuerung

Die Anwendung des Prinzips der numerischen Steuerung auf die Werkzeugmaschine ist naheliegend, da die Eingabeinformationen für den Fertigungsablauf – Werkstückzeichnung und Arbeitsplan – überwiegend zahlenmäßig vorliegen und der Herstellungsprozeß üblicherweise aus vielen Einzelschritten – auf der Ebene der von dem Werkzeug nacheinander anzufahrenden Positionen – besteht. Die prinzipielle Wirkungsweise der numerischen Werkzeugmaschinensteuerung soll anhand des in Abbildung 1 gezeigten Schemas erläutert werden.

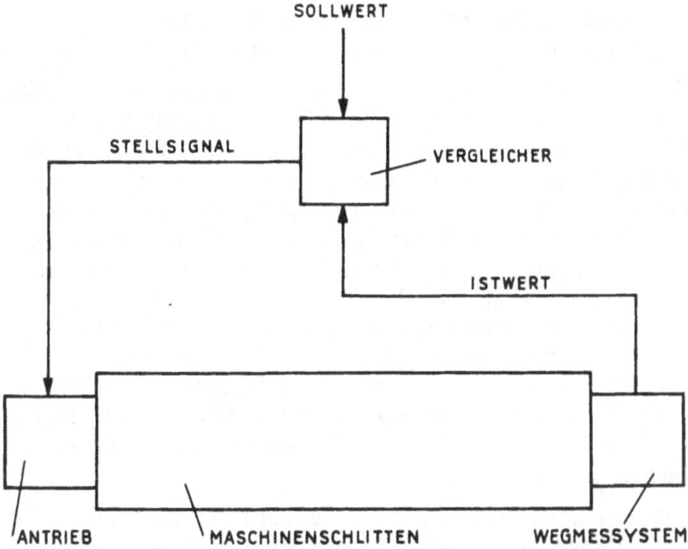

Abb. 1. Prinzip der numerischen Werkzeugmaschinensteuerung nach [12]

Die Bewegungen des Maschinenschlittens werden vom Wegmeßsystem erfaßt. Die Istwerte der jeweiligen Position werden im Vergleicher mit dem Sollwert verglichen. Die Differenz zwischen Soll- und Istwert bewirkt ein Stellsignal an das Antriebselement. Dieser geschlossene Signalkreis wird je nach Steuerungart als Abschalt- oder Regelkreis ausgeführt.

Ein Abschaltkreis gibt lediglich bei Übereinstimmung von Soll- und Istwert einen Abschaltbefehl an den Antrieb. Ein Regelkreis dagegen bewirkt, durch die Rückführung der Differenz zwischen Soll- und Istwert als Stellsignal, eine fortlaufende Veränderung des Antriebes.

Das in Abbildung 1 gezeigte Schema gilt nur für die Steuerung eines Schlittens. Sollen mehrere Achsen gesteuert werden, so sind alle gezeigten Elemente je einmal erforderlich. Ist dies der Fall, so ergibt sich ein weiteres Kriterium für die Leistungsfähigkeit einer Steuerung, nämlich der Funktionszusammenhang zwischen den gesteuerten Achsen. Das in Abbildung 2 gezeigte Schema soll diesen Begriff näher erläutern.

Die Darstellung A veranschaulicht die Wirkungsweise von Punkt- oder Positioniersteuerungen. Diese Steuerungsart ermöglicht das Anfahren von Positionen im Eilgang, ohne daß sich das Werkzeug im Eingriff befindet. Anschließend wird an der erreichten Position eine Bearbeitung in einer Achsenrichtung vorgenommen. Bewegt sich das Werkzeug, wie in der Abbildung angedeutet, vom Punkt P1 zum Punkt P2, so stellt diese Steuerungsart zwar das Erreichen der Position P2 sicher. Es lassen sich aber keine allgemeingültigen und präzisen Angaben über den gewählten Verfahrweg machen. Es ist lediglich sichergestellt, daß dieser Verfahrweg nicht außerhalb des durch P1 und P2 aufgespannten Rechtecks liegt. Klassische Anwendungsbeispiele für diese Steuerungsart sind Revolverstanzen, Bohrmaschinen und Lehrenbohrwerke.

Die Arbeitsweise der einfachen Streckensteuerung ist in der Darstellung B gezeigt. Diese Steuerungsart wird verwendet, wenn das Werkzeug im Eingriff entlang einer der gesteuerten Achsen verfahren wird, z. B. beim Rahmen-Fräsen. Der Unterschied zur Punktsteuerung ist darin zu sehen, daß das Werkzeug mit definiertem, wählbarem Vorschub verfährt.

Anwendung findet diese Steuerungsart hauptsächlich in Dreh- und Fräsmaschinen, wobei hiermit nur geometrisch einfache Teile, d. h. beim Drehen Zylinder- und Planflächen und beim Fräsen glatte Flächen und rechtwinklige Taschen, bearbeitet werden können.

Die einfachste Steuerungsart mit Funktionszusammenhang zwischen den gesteuerten Achsen ist die unter C in Abbildung 2 dargestellte erweiterte Streckensteuerung. Neben dem achs-

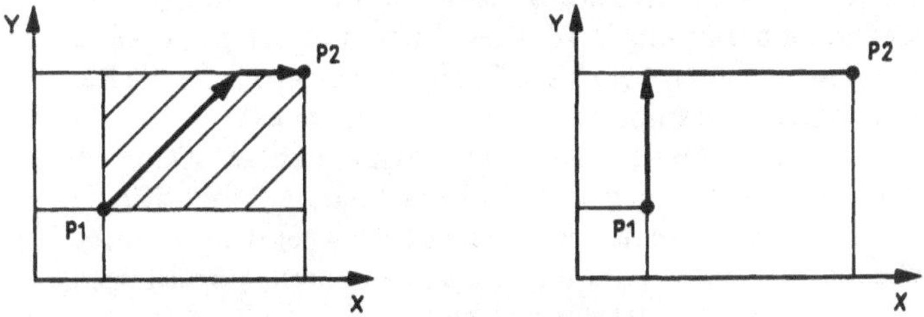

A. Punktsteuerung B. Einfache Streckensteuerung

A, B. Steuerungen ohne Funktionszusammenhang der gesteuerten Achsen

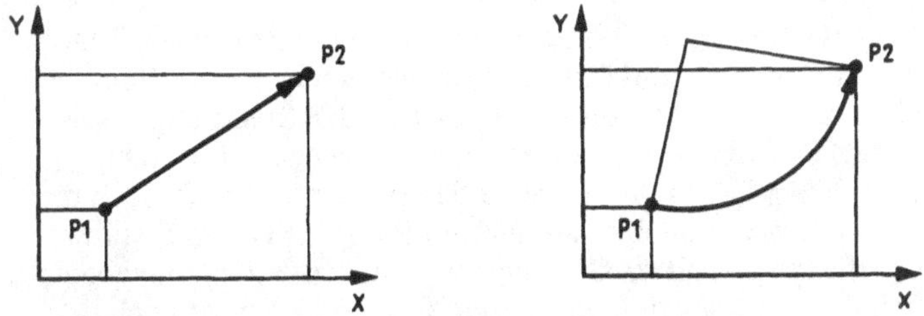

C. Erweiterte Streckensteuerung D. Bahnsteuerung

C, D. Steuerungen mit Funktionszusammenhang der gesteuerten Achsen

Abb. 2. Arten numerischer Werkzeugmaschinensteuerung

parallelen Verfahren des Werkzeugs gestattet diese Steuerungsart auch die Bewegung entlang bestimmter Winkel. Man spricht hier häufig auch vom „Mitschleppen" der zweiten Achse, da zwar aufgrund des gleichzeitigen Arbeitens der Antriebe eine schräge Bewegung stattfindet, das Erreichen der Sollposition aber nur an einer Achse registriert wird und zum Abschalten beider Antriebe führt.

Auch diese Steuerungsart findet hauptsächlich Anwendung bei Dreh- und Fräsmaschinen. Allerdings können neben den vorgenannten Formen auch bestimmte Schrägen erzeugt werden.

Die Darstellung D schließlich zeigt eine komplexe Form des Funktionszusammenhanges, der als Bahn- oder Stetigbahnsteuerung bezeichnet wird. Diese Steuerungsart gestattet nicht nur das Verfahren beliebiger Geraden, sondern auch die Bewegung längs bestimmter gekrümmter Kurven (z. B. Kreisbogen oder Parabel) aufgrund eines Programmsatzes. Durch Aneinanderreihung von vielen eng benachbarten Sollpositionen kann bei dieser Steuerungart eine beliebig gekrümmte Kurve abgefahren werden und somit durch Krümmungskreisbögen oder Tangentenstücke angenähert werden.

Die Verknüpfung zweier Maschinenachsen zu einer zweidimensionalen Bahnsteuerung findet nicht nur bei Dreh- und Fräsmaschinen Verwendung, sondern auch beim Brennschneiden und Konturnibbeln und -stanzen.

Fräsmaschinen, speziell für komplexe dreidimensionale Teile der Luft- und Raumfahrtindustrie, werden häufig auch mit einer drei und mehr Achsen verknüpfenden Steuerung ausgerüstet. Dadurch gelingt es, das Fräswerkzeug nicht nur auf jeder beliebigen Raumkurve zu führen, sondern auch noch die Werkzeugachse in einer definierten Richtung zur Werkstückoberfläche zu halten. Gesteuert wird in diesen Fällen, neben den drei translatorischen Achsen X, Y und Z, meist noch der dreh- und/oder kippbare Werkstücktisch und der schwenkbare Spindelkopf.

Neben dem bisher vorgestellten Prinzip der numerischen Werkzeugmaschinensteuerung, bei dem die drei Steuerungselemente Antrieb, Wegmeßsystem und Vergleicher zu einem Lageregelkreis verknüpft werden, verwendet man auch Schrittmotore als Antriebselemente. Durch den festen Zusammenhang zwischen elektrischem Stellsignal und mechanischer Reaktion in Form eines definierten Winkelschrittes kann bei diesen Antriebselementen die Messung der Ist-Position entfallen, so daß anscheinend sich der Lageregelkreis zu einer Steuerkette vereinfacht.

Bei genauer Untersuchung des Steuerungsprinzips bei Verwendung von Schrittmotoren wird man allerdings feststellen, daß der Lageregelkreis nicht entfallen ist, sondern lediglich komplett in den elektrischen Teil für die Signalerzeugung des Antriebs verlegt wurde, wobei das Wegmeßsystem durch Zählregister ersetzt wurde, das die an den Antrieb abgegebenen Impulse addiert, und somit ein elektrisches Äquivalent der durchgeführten Antriebsbewegungen darstellt.

3. Grundlagen der Programmierung numerisch gesteuerter Werkzeugmaschinen

Im vorigen Abschnitt wurde bereits ausgeführt, daß die wesentliche Eigenschaft der numerischen Steuerung in dem selbsttätigen Ablauf vorpräparierter, d. h. programmierter Bewegungsabläufe zu sehen ist. Die Beschreibung derartiger Bewegungsabläufe oder genauer: von Fertigungsabläufen auf der Werkzeugmaschine, muß durch eine Kette von Eingabeinformationen – ein Steuerprogramm – erfolgen. Diese Eingabedaten bestehen, pro Einzelbewegung der Maschine, aus geometrischen Angaben über die anzufahrende Position und die Bewegungsart, was man kurz unter dem Begriff „Weginformation" zusammenfaßt, und technologischen Angaben über die gewünschten Parameter des Zerspanungsprozesses, die man als „Schaltinformation" bezeichnet. Diese einzelnen Eingabeinformationen müssen nach festen Regeln zu Sätzen zusammengefaßt werden, die auf einem Informationsträger, in einem Code verschlüsselt, abgespeichert werden.

3.1. Weginformationen

Unter den Begriff der Weginformation fallen in erster Linie die Koordinatenangaben, die benötigt werden, um durch die Aufreihung von nacheinander anzufahrenden Positionen einen gesamten Bewegungsablauf festzulegen, wodurch die durchzuführende Bearbeitung, d. h. der Fertigungsablauf bestimmt wird. Je nach Anzahl der gesteuerten Schlittenbewegungen müssen hier entsprechend viele verschiedene Zahlenangaben erfolgen, die entweder die neue einzunehmende Position oder die zu durchfahrende Lageänderung angeben. Im ersteren Falle spricht man von einer absoluten Steuerung, da die Zielposition unabhängig von der derzeitigen Position (z. B. gemessen in Skalenteilen des Wegmeßsystems) angegeben ist. Im letzteren Falle spricht man von einer inkrementalen Steuerung, da an Stelle einer definierten Zielposition das zurückzulegende Weginkrement (ebenfalls gemessen in Skalenteilen des Wegmeßsystems) angegeben wird. Die zwei kennzeichnenden Größen für diese Positionsangaben sind das Auflösungsvermögen des Wegmeßsystems und der Verfahrbereich der gesteuerten Schlittenbewegung. Das Auflösungsvermögen des Wegmeßsystems beschränkt die erforderliche Zahlenangabe nach unten, da es unnötig ist, Bruchteile anzugeben, die durch die Wegmessung nicht mehr unterschieden werden. Der Verfahrbereich beschränkt die Zahlenangabe nach oben, da Positionen oberhalb des durch Endschalter begrenzten Bereiches möglicher Schlittenpositionen nicht erreichbar sind.

Neben diesen Positionsangaben für die gesteuerten Achsen werden bei kreisförmiger Bahnbewegung auch noch andere Parameter (meist die Mittelpunktskoordinaten des Kreises) benötigt, damit im Rechenwerk der Steuerung die Annäherung der gekrümmten Bahn durch eine Folge von Tangentenstücken ermittelt werden kann.

Ebenfalls zu dem Begriff der Weginformation werden Angaben gezählt, die unter der Bezeichnung Wegbedingung zusammengefaßt werden. Ursprünglich leitet sich dieser Name von der Angabe der Interpolationsart her, in der z. B. für Streckensteuerungen angegeben wird, ob und welche Achse mitgeschleppt werden soll, oder bei Bahnsteuerungen, ob linear oder zirkular und mit welchem Drehsinn auf dem Kreisbogen verfahren werden soll. Bei vielen Steuerungen kann hier auch zwischen genauer und Zirka-Positionierung unterschieden werden, da ein genaues

Einfahren einer Position aufgrund der gestuften Reduzierung der Verfahrgeschwindigkeit zeitaufwendig ist. Andererseits ist bei vielen Bearbeitungsschritten z. B. beim Überfräsen einer Fläche das genaue Einfahren einer Position nicht erforderlich. Schließlich müssen hier noch die Angaben zur Werkzeugkorrektur erwähnt werden. Um der Abnutzung der Werkzeuge Rechnung tragen zu können, ohne daß das Steuerprogramm geändert werden muß, haben viele Steuerungen einstellbare Ziffernschalter – sogenannte Korrekturschalter –, an denen die Differenz zwischen programmiertem Sollmaß und tatsächlichem Istmaß am Werkzeug, z. B. der Durchmesser des Fräsers oder die Länge des Bohrers, eingestellt werden kann. Da diese Differenzmaße nicht immer zum Tragen kommen und, wenn sie erforderlich sind, entweder zur Sollposition addiert oder von ihr subtrahiert werden, muß in der Angabe zur Werkzeugkorrektur diese Plus-Minus-Entscheidung getroffen werden. So weiß man zwar bei Programmierung eines Taschenfräsens nicht den Betrag der Differenz zwischen Soll- und Istdurchmesser des Fräsers; man weiß aber, daß diese Differenz beim Fräsen der linken Kante subtrahiert, an der rechten Kante dagegen addiert werden muß, damit die Tasche die gewünschten Abmaße erhält. Alle diese Angaben werden im allgemeinen durch mehrere Schlüsselzahlen angegeben.

3.2. Schaltinformationen

Die Bezeichnung Schaltinformation ist historisch begründet. Man faßt hierunter alle Angaben zusammen, die den Zerspanungsprozeß beeinflussen. Da die hauptsächlichen Parameter wie Vorschub- und Schnittgeschwindigkeit, das zur Bearbeitung eingesetzte Werkzeug und der erforderliche Kühlmittelzufluß anfänglich durch elektro-mechanische Schaltgetriebe, Revolverköpfe und schaltbare Ventile realisiert wurden, ergab sich an Stelle eines abstrakten Begriffes wie Zerspannungsbedingungen oder Technologieinformationen der an der Durchführungsweise orientierte konkrete Begriff Schaltinformation.

Bei den beiden wesentlichen Größen – Vorschub und Schnittgeschwindigkeit – besteht einerseits die Notwendigkeit einen großen Wertebereich verfügbar zu machen. Andererseits ist eine feinstufige Rasterung der einstellbaren Werte mit erheblichem Aufwand verbunden, so daß hier aus wirtschaftlichem Gesichtspunkte eine Grenze gegeben ist. Somit braucht man auch nicht die einstellbaren Werte als Zahlenwert der Maßeinheit, in der sie gemessen werden, anzugeben, sondern man kann die möglichen Werte nach einem Schlüssel durchnumerieren und dann durch Angabe dieser Schlüsselzahl kennzeichnen. So wird man z. B. die Angabe der Spindeldrehzahl, die im Bereich von 30 bis 300 U/min verstellbar sein möge, aber insgesamt aufgrund der Getriebekonstruktion nur 20 mögliche Drehzahlen zuläßt, nicht durch die gewählte Drehzahl von 300 U/min direkt bezeichnen sondern durch die Schlüsselzahl 20.

Eine Abkehr von diesem Prinzip der Kodierung der möglichen einstellbaren Werte ist nur dort erforderlich, wo die zu stellende Größe, wie bei den Weginformationen, innerhalb des Verstellbereich mit hinreichender Feinheit unterteilt wird, so daß man von kontinuierlicher Einstellbarkeit sprechen kann.

Diese kontinuierliche Einstellbarkeit ist für die Vorschubantriebe bei Bahnsteuerungen erforderlich, da die Bewegung (mit konstanter Geschwindigkeit) in einer beliebigen Richtung durch die Aufteilung der erforderlichen Komponenten des Geschwindigkeitsvektors auf die zwei oder mehr gemeinsam gesteuerten Achsen erfolgen muß. Neuerdings geht man teilweise – hauptsächlich bei Drehmaschinen – auch dazu über, die Spindeldrehzahl kontinuierlich einstellbar zu gestalten, um immer konstante Zerspanungsbedingungen einstellen zu können, was bei stufenweiser Schaltung, z. B. beim Plandrehen nicht gewährleistet ist.

3.3. Satzaufbau

Die in den vorstehenden Abschnitten erläuterten Weg- und Schaltinformationen erfordern einen übergeordneten Zusammenhang, da erst das Zusammenspiel des genauen Einfahrens einer bestimmten Position mit einer definierten Vorschubgeschwindigkeit bei einer gegebenen Spindeldrehzahl den gewünschten Bearbeitungsschritt am herzustellenden Werkstück liefert.

Die jeweils zusammengehörigen Informationen müssen also unter einem übergeordneten Begriff erfaßt werden, um ein gemeinsames Wirksamwerden der geforderten Einzelbedingungen für Werkzeugbahn und -geschwindigkeit zu gewährleisten.

In Anlehnung an die Bezeichnungen für die Strukturierung von natürlichen Sprachen nennt man die einzelnen Angaben „Worte" und die Zusammenfassung von Worten zur Beschreibung einzelner Bearbeitungsschritte „Sätze". Allerdings sollte man vermeiden, aus der Übernahme der Bezeichnungen den Schluß zu ziehen, daß hier eine „Sprache" vorliegt, die es gestattet, mit der Werkzeugmaschine oder deren Steuerung zu kommunizieren.

Die Probleme für einen Satzaufbau, der automatisch interpretierbar sein soll, lassen sich mit folgenden drei Fragen beschreiben:

1. wie werden die einzelnen Worte voneinander getrennt (Worttrennung),
2. wie werden die Wortinhalte angegeben (Wortbezeichnung) und
3. wie werden die Sätze voneinander getrennt (Satztrennung)?

Diese Fragen lassen sich anhand der historischen Entwicklung recht instruktiv beantworten.

Anfänglich vereinbarte man für jedes Wort eine feste Ziffernzahl und für jeden Satz eine feste Wortzahl. Dadurch konnten zwar spezielle Wort- und Satztrennzeichen entfallen, es mußten aber für alle Worte die Anzahl von Ziffern, die maximal in einem Wort nötig waren, angegeben werden. Dieser unnötige Schreibaufwand bzw. diese überflüssige Platzvergeudung auf dem Datenträger führten dazu, daß man die Ziffernzahl pro Wort variabel gestaltete und dafür ein Wort-Ende-Zeichen (meist das Tabulatorzeichen für Schreibautomaten) einführte.

Die Einführung der variablen Wortlänge bewirkte zwar eine wesentliche Verbesserung; aber mit der wachsenden Zahl der gesteuerten Achsen und Hilfsfunktionen, die nicht in jedem Satz verändert wurden, wuchs das Bedürfnis, bestimmte Funktionen der Steuerung, d. h. bestimmte Worte des Satzes gezielt anzusprechen. Hierfür wurde die „Wortadressierung" mittels vorangestellter Buchstaben gewählt. So wurden z. B. die translatorischen Koordinaten durch die Buchstaben X, Y und Z (sofern vorhanden) gekennzeichnet. Die detaillierte Erläuterung der möglichen Wortadressen und ihrer Bedeutungen würde in diesem Rahmen zu weit führen; es sei deshalb auf die einschlägige DIN-Norm 66025 verwiesen. Als Beispiel für die Programmdarstellung ist in Abbildung 3 ein Ausschnitt aus einem Steuerprogramm für eine numerisch gesteuerte Werkzeugmaschine gezeigt.

3.4. Informationsträger und Codes

Will man versuchen, die Entscheidung für den Lochstreifen als derzeit meist gebrauchten Datenträger für Steuerprogramme von numerisch gesteuerten Werkzeugmaschinen zu rechtfertigen, so müssen folgende Gründe angeführt werden:

1. der Gebrauch in der Umgebung von spanabhebenden Fertigungseinrichtungen erfordert einen robusten Datenträger, der gegen grobe Verschmutzung resistent ist,
2. die erforderlichen Lesegeschwindigkeiten sind relativ gering, (ca. 30–300 Zeichen/sek.), da sie den Verfahrgeschwindigkeiten der gesteuerten Maschine anzupassen sind,
3. die zu speichernden Datenmengen pro Programm sind relativ gering (ca. 1000–1000 000 Zeichen)
4. die Abarbeitung der Daten erfolgt sequentiell, d. h. Satz für Satz.

Die drei ersten Gründe zielen im wesentlichen auf den Vergleich mit dem Magnetband, das zwar hohe Lesegeschwindigkeiten und Aufzeichnungsdichten zuläßt, aber sehr anfällig gegen Verschmutzung ist. Der vierte aufgeführte Grund ist das wesentliche Argument gegen die Verwendung von Lochkarten. Diese bieten aufgrund der leichten Austauschbarkeit von einzelnen Karten in einem Stapel eine Flexibilität, die

Satz Nr. N	Weg-bed. G	Koordinate X	Y	Z	Vor-schub F	Dreh-zahl S	Werk-zeug T	Hilfs-befehl M	Bemerkung
% LF									
N 001	G 00			Z 710 00	F 99				
N 002		X 000 00							
N 003			Y 000 00						
N 004			Y 045 00						P 1
N 005		X 045 00				S 75	T 01	M 03	1 (11,5 ϕ)
N 006				Z 570 00				M 03	
N 007				Z 514 00	F 02				
N 008				Z 570 00	F 99				
N 009		X 180 00							2 (11,5 ϕ)
N 010				Z 514 00	F 02				
N 011				Z 570 00	F 99				
N 012			Y 105 00						3 (11,5 ϕ)
N 013				Z 514 00	F 02				
N 014				Z 570 00	F 99				
N 015		X 045 00							4 (11,5 ϕ)
N 016				Z 514 00	F 02				
N 017				Z 710 00	F 99		T 02	M 05	
N 018				Z 506 00		S 07		M 03	
N 019				Z 583 00	F 01				5 (Senken)
N 020				Z 596 00	F 99				
N 021			Y 045 00						6 (Senken)
N 022				Z 588 00	F 01				
N 023				Z 596 00	F 99				
N 024		X 180 00							7 (Senken)
N 025				Z 588 00	F 01				
N 026				Z 596 00	F 99				
N 027			Y 105 00						8 (Senken)
N 028				Z 583 00	F 01				
N 029				Z 710 00	F 99		T 03	M 05	
N 030		X 110 00							P 2
N 031			Y 120 00						9 (Gew. bohr.)
N 032				Z 546 00		S 81		M 03	
N 033				Z 525 00	F 01				
N 034				Z 546 00	F 99				
N 035		X 075 36							P 3
N 036			Y 060 00						10 (Gew. bohr.)
N 037				Z 525 00	F 01				
N 038				Z 546 00	F 99				
N 039		X 146 64							11 (Gew. bohr.)
N 040				Z 525 00	F 01				
N 041				Z 710 00	F 99		T 04	M 05	
N 042				Z 526 00		S 77		M 03	12 (Gew.)
N 043				Z 521 00	F 06				
N 044				Z 526 00					
N 045		X 075 36			F 99				13 (Gew.)

Abb. 3. Steuerprogramm, tabellarisch aufgelistet

zur Folge hat, daß die entsprechenden Lesegeräte, wegen der aufwendigeren Mechanik, teurer und störanfälliger sind.

In wieweit die Magnetbandkassetten in der Lage sind, die Ansprüche bezüglich der Robustheit zu erfüllen, muß abgewartet werden. Sollten hier vergleichbare Betriebssicherheiten wie mit dem Lochstreifen erzielbar sein, so wird der Vorteil der mehrfachen Verwendbarkeit durch erneutes Beschreiben sicher eine Änderung der derzeitigen Situation bringen.

Die Darstellung der Zeichen auf dem Lochstreifen basiert auf dem dualen Zahlensystem. Betrachtet man den 8-kanaligen Lochstreifen, der derzeit die weiteste Verbreitung hat, so kann pro Spalte des Lochstreifens eine achtstellige Dualzahl dargestellt werden. Von diesen acht Ziffernpositionen wird allerdings eine zur Datensicherung als Prüf- oder Paritätstelle verwendet, so daß für die eigentliche Zeichendarstellung sieben Positionen verfügbar sind. Die damit maximal darstellbare Zahl beträgt $2^7 - 1$ als 127. Man ordnet nun diesen Zahlen von 0 bis 127 (die dual dargestellt werden) die verschiedenen Zeichen des Alphabets, das man darstellen will, zu. Hierbei sind unter Alphabet nicht nur die 26 Buchstaben zu verstehen, sondern alle Zeichen, die für den jeweiligen Anwendungsfall benötigt werden, wie Ziffern, Sonderzeichen oder auch getrennte Darstellung von Groß- und Kleinschreibung. Auch hier sei die einschlägige DIN-Norm 66024 genannt.

Obgleich auch die Darstellung von Steuerprogrammen auf 5-Spur-Lochstreifen genormt ist (DIN 66023) hat sich dieser aus der Fernschreibtechnik stammende Datenträger nicht gegenüber dem 8-Spur-Lochstreifen durchsetzen können.

4. Die elektronische Datenverarbeitungsanlage[1]

Unter einer Datenverarbeitungsanlage (DVA, engl. Computer) wird die Gesamtheit der Baueinheiten verstanden, aus denen ein Gerätesystem aufgebaut ist, das zur Verarbeitung von

[1] Dieser Abschnitt basiert auf Ausführungen in [11].

digitalen Daten dient, d. h. von Daten in ziffernmäßiger Darstellung. Mit einer solchen Anlage können logische, arithmetische, vergleichende, übertragende und speichernde Operationen durchgeführt werden. Die Durchführung von arithmetischen Rechenoperationen ist also nur eine von zahlreichen Arbeitsmöglichkeiten derartiger Automaten.

Heute werden aus technischen und wirtschaftlichen Gründen praktisch ausschließlich elektronische Bauelemente für ihren Aufbau verwendet; deshalb spricht man auch von elektronischen Datenverarbeitungsanlagen (EDVA).

Die wesentlichen Vorteile einer EDVA ergeben sich aus:

1. der Programmsteuerung,
2. der hohen Rechengeschwindigkeit und
3. der Möglichkeit, Daten zu speichern.

EDVA gliedern sich in folgende Funktionseinheiten (Abb. 4):

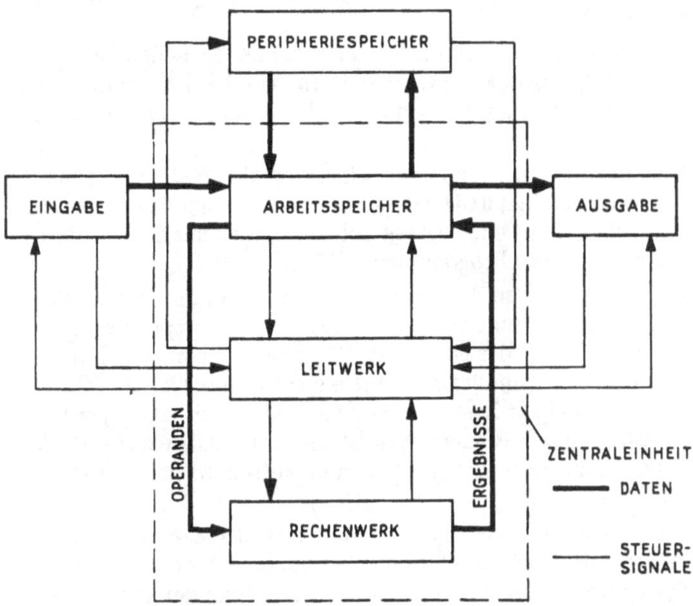

Abb. 4. Aufbau einer EDVA nach [3]

1. die Zentraleinheit,
2. die Ein- und Ausgabegeräte (E/A-Geräte),
3. die peripheren Speicher und
4. die Verbindungskanäle.

Die Zentraleinheit führt die o. g. Operationen mit den Daten durch; die heute noch vorwiegend elektromechanisch arbeitenden E/A-Geräte werden für die Eingabe bzw. die Ausgabe der Daten benötigt. Die peripheren Speicher nehmen große Datenmengen auf, die nicht ständig benötigt werden, aber auf Abruf innerhalb von 1... 2s bereitstehen sollen. Die Verbindungskanäle übertragen die Daten zwischen den einzelnen Funktionseinheiten.

4.1. Die Zentraleinheit

Das Blockschaltbild (Abb. 4) zeigt die Bestandteile der Zentraleinheit. Dabei dient

1. der Arbeitsspeicher zur Speicherung der aktuellen Daten,
2. das Rechenwerk zur Durchführung von Rechenoperationen,
3. das Leitwerk zur Steuerung der Funktionseinheiten der Anlage.

Die Speicher haben innerhalb eines digitalen Rechensystems die Aufgabe, digitale Daten aufzunehmen, aufzubewahren und abzugeben. Die Daten setzen sich zusammen aus Eingabedaten, Ergebnissen und Programmen.

Im Unterschied zu den peripheren Speichern, die später behandelt werden, nimmt der Arbeitsspeicher (Hauptspeicher) in sehr raschem Zugriff das arbeitende Programm, die dazu benötigten Daten und die anfallenden Ergebnisse auf. Die digitalen Daten müssen dabei zur Speicherung binär codiert vorliegen, jeweils ein Bit, d. h. ein Binärzeichen als Ja-Nein-Entscheidung, da der Speicher aus technischen Elementen aufgebaut ist, die speichern können.

Dem Programmierer sind nun nicht die einzelnen Speicherelemente zugänglich, sondern nur Gruppen, in denen mehrere Speicherelemente zusammengefaßt sind. Eine derartige Gruppe ist die kleinste adressierte Einheit eines Arbeitsspeichers. Diese

Gruppen von Speicherelementen werden numeriert. Die Nummern werden als Adressen bezeichnet, über die nur der gespeicherte Inhalt einer solchen Gruppe von Elementen zugänglich ist.

Die Leistungsfähigkeit einer EDVA ist in starkem Maße gekennzeichnet durch die Zugriffzeit und die Kapazität des Arbeitsspeichers. Die Zugriffzeit des Arbeitsspeichers ist dabei die Zeit, die zum Lesen oder Schreiben des Inhalts einer Speicherzelle und dem Übertragen dieses Inhalts zwischen Arbeitsspeicher und Rechenwerk bzw. Leitwerk erforderlich ist. Die Speicherkapazität in bit stellt das Fassungsvermögen eines Speichers für Binärzeichen dar. In der Regel wird aber die Anzahl der kleinsten adressierbaren Speichereinheiten in Vielfachen von 1000 (K) angegeben.

Da die im Arbeitsspeicher enthaltenen Daten im Verlauf eines Programms oft gebraucht werden und dem Rechenwerk immer zur Verfügung stehen müssen, werden als Arbeitsspeicher meist Magnetkernspeicher mit einer Zugriffzeit von 0,5 bis 10 μ benutzt. Je kleiner die Zugriffzeit eines Speichers ist, desto höher liegen in der Regel die Kosten pro bit. Diese wirtschaftlichen Überlegungen führen zu einer Begrenzung der Kapazität des Arbeitsspeichers bzw. zu einer sinnvollen Verlagerung von Speicheraufgaben auf zweckmäßig gewählte periphere Speicher.

Das Rechenwerk stellt die Funktionseinheit dar, die Rechenoperationen ausführt. Zu den Rechenoperationen können neben den arithmetischen Operationen auch boolesche Verknüpfungen sowie das Vergleichen, Umformen, Verschieben, Runden von Zahlenwerten gehören. Das Rechenwerk besteht aus einem Addierwerk, mehreren Registern und der Operationensteuerung. Das Addierwerk hat lediglich die Funktion Summen und Differenzen zu bilden. Alle arithmetischen Operationen höheren Grades werden auf eine Folge von Additionen bzw. Subtraktionen zurückgeführt. Die Register sind schnelle Speicher mit der Kapazität von ein bis zwei Maschinenwörtern und dienen dazu, Zwischenergebnisse aus dem Addierwerk vorübergehend aufzunehmen und wieder an dasselbe abzugeben. Das Rechenwerk kann zusätzlich zur Verarbeitung von Gleitkommazahlen eingerichtet sein.

Das Leitwerk ist die Funktionseinheit innerhalb des digitalen Rechensystems, die die Befehle eines Programms entschlüsselt und ihre Ausführung überwacht.

Das Programm steuert demnach den Arbeitsablauf einer EDVA. Es besteht aus mehreren Befehlen. Dabei müssen Verarbeitungsbefehle, Transportbefehle und Steuerbefehle unterschieden werden. Die Befehle, die eine bestimmte EDVA ausführen kann, sind in der sogen. Befehlsliste zusammengefaßt.

Die meisten Befehle bestehen aus einem Operationsteil und einem Adreßteil. Der Operationsteil gibt die auszuführende Operation an, d. h. er definiert, was die EDVA tun soll. Der Adreßteil enthält eine oder mehrere Adressen und gibt an, wo, d. h. in welcher Speicherstelle der Operand, also jener Wert, mit dem eine bestimmte Operation durchgeführt werden soll, zu finden ist; jedoch gibt es auch Befehle ohne Adreßteil, wie z. B. den Stopbefehl, der eine Unterbrechung der Arbeit der EDVA bewirkt.

Die große Leistungsfähigkeit von EDVA ist erst durch das Prinzip des gespeicherten Programms möglich geworden. Die Befehle eines Programms werden ebenso wie die von diesem Programm zu verarbeitenden Daten in dem Arbeitsspeicher der Maschine gespeichert. Da die EDVA bei der Speicherung im Arbeitsspeicher nicht grundlätzlich zwischen Befehlen und Daten unterscheidet, können die Befehle wie Daten behandelt werden, d. h. sie können den gleichen Operationen unterworfen werden wie die Daten. Auf diese Weise wird eine hohe Flexibilität in der Programmierung erreicht.

Normalerweise werden die Befehle nacheinander in der Reihenfolge ausgeführt, in der sie im Arbeitsspeicher stehen. Diese sequentielle Ausführung der Befehle kann durch Sprungbefehle unterbrochen werden. Im Adreßteil des Sprungbefehls wird die Adresse des Speicherplatzes angegeben, auf dem der nächste auszuführende Befehl steht. Es wird zwischen unbedingten und bedingten Sprungbefehlen unterschieden. Unbedingte Sprungbefehle bewirken in jedem Fall eine Programmverzweigung; bedingte Sprungbefehle führen nur dann zur Programmverzweigung, wenn eine bestimmte Bedingung, z. B. die Gleichheit zweier Zahlen, erfüllt ist. Diese bedingten Verzweigungen befähigen die EDVA zu logischen Entscheidungen, durch die der weitere Programmablauf von den bis zu diesem Augenblick erzielten Ergebnissen abhängig gemacht werden kann.

4.2. Die E/A-Geräte

Mit Hilfe der E/A-Geräte werden die Programme und Daten in das digitale Rechensystem eingegeben und Ergebnisse ausgegeben. Überwiegend werden als Datenträger für die Eingabe Lochkarten und Lochstreifen verwendet. Weitere E/A-Geräte sind das Bedienungspult der Anlage, elektrische Schreibmaschinen und Fernschreiber. Zeilendrucker werden für die schnelle Ausgabe großer Datenmengen eingesetzt. Zur Zeit gewinnen E/A-Geräte für optische Informationen (Belege der Büroorganisation, graphische Darstellungen, Zeichnungen, Experimentalphotos der Kernphysik usw.) an Bedeutung. Dazu gehören photo-elektrische Druckstreifenleser, Lichtpunktabtaster und Magnetschriftleser.

In Zukunft werden in zunehmendem Maße auch Bildschirmgeräte für die Ein- und Ausgabe mit wirtschaftlichem Nutzen eingesetzt werden. Im einfachsten Fall können mit diesen Geräten Daten über eine Tastatur eingegeben werden. Alle ein- und ausgegebenen Daten erscheinen dann auf dem Bildschirm in Leuchtschrift; die Kommunikation zwischen Mensch und Maschine wird dadurch erheblich beschleunigt.

Da die Arbeitsgeschwindigkeit der heute noch dominierenden elektromechanischen E/A-Geräte durch deren mechanisch bewegte Teile wesentlich kleiner als die der elektronisch arbeitenden Zentraleinheit ist, arbeiten bei modernen EDVA mehrere E/A-Geräte simultan. Zusätzlich werden für die Ein- und Ausgabe Pufferspeicher verwendet, um die unterschiedlichen Arbeitsgeschwindigkeiten auszugleichen.

Tabelle 1 gibt einen Überblick über die Leistungsfähigkeit der derzeit wichtigsten E/A-Geräte.

E/A-Gerät	Verarbeitungsgeschwindigkeit
Lochstreifenleser	100 ... 1800 Zeichen/s
Lochstreifenstanzer	50 ... 300 Zeichen/s
Kartenleser	500 ... 2250 Zeichen/min
Kartenstanzer	100 ... 300 Zeichen/min
elektrische Schreibmaschine	7 ... 16 Zeichen/s
Schnelldrucker	150 ... 3000 Zeichen/min
(Zeilendrucker)	(72 ... 160 Zeichen/Zeile)

Tab. 1. Übersicht über elektromechanische E/A-Geräte (Ein- und Ausgabegeräte) nach [11]

4.3. Die peripheren Speicher

Die Forderung nach einer hohen Rechengeschwindigkeit kann nur durch eine kleine Zugriffzeit des Arbeitsspeichers erfüllt werden; schnelle Arbeitsspeicher sind aus wirtschaftlichen Erwägungen in ihrer Kapazität begrenzt. Periphere Speicher erweitern die Gesamt-Speicherkapazität beträchtlich, wobei allerdings größere Zugriffzeiten in Kauf genommen werden müssen. Umfangreiche Programme und große Datenmengen werden wirtschaftlich in den peripheren Speichern gespeichert. Zur Verarbeitung müssen die Programme und die zugehörigen Daten über die Verbindungskanäle in den Arbeitsspeicher übertragen werden, da das Leit- und das Rechenwerk nur zum Arbeitsspeicher direkten Zugriff haben.

Während im Arbeitsspeicher die einzelnen Speicherzellen adressiert werden können, sind in den peripheren Speichern nur längere Datenblöcke in geschlossener, lückenloser Reihenfolge adressierbar und übertragbar.

Die an eine EDVA angeschlossenen Speichereinheiten haben unterschiedliche Zugriffzeiten, deren Größe eine Hierarchie von Speichern bedingt. Die Verteilung von Datenmengen auf die einzelnen Speichereinheiten richtet sich nach der Häufigkeit, mit der die Daten angefordert werden; d. h. je häufiger eine Datenmenge benötigt wird, desto kleiner sollte die Zugriffzeit des Speichers sein, in dem diese Daten gespeichert sind.

Die größte Bedeutung haben z. Zt. die Speicher mit ferromagnetischen Eigenschaften, insbesondere die magnetomotorischen

Speicher, die als Großraumspeicher eine Kapazität von $10^6 \ldots 10^9$ bit erreichen und bei denen relativ kleine Kosten pro bit entstehen. Gebräuchlich sind Magnettrommel-, Magnetplatten-, Magnetkarten- und Magnetbandeinheiten.

Die Information wird in digitaler Form mit Hilfe von Magnetköpfen als Schreib- bzw. Leseeinheiten auf die magnetisierbare Schicht der Speicher geschrieben bzw. gelesen. Zwischen den Köpfen und der Magnetschicht findet dabei eine Relativbewegung statt.

Im funktionellen Ablauf müssen Speicher mit wahlfreiem und mit folgegebundenem Zugriff unterschieden werden; ihr Betriebsverhalten soll im folgenden kurz beschrieben werden:

1. Speicher mit wahlfreiem Zugriff (Randomspeicher)

Bei diesen Speichern ist die Zugriffzeit zu allen Daten gleich groß, bzw. sie schwankt nur in engen Grenzen um einen Mittelwert, die sogen. mittlere Zugriffzeit. Die Forderung des wahlfreien Zugriffs wird von Magnettrommel-, Magnetplatten- und Magnetkartenspeichern erfüllt.

2. Speicher mit folgegebundenem Zugriff (sequentielle Speicher)

Der repräsentative Vertreter dieser Speicherform ist die Magnetbandeinheit, bei der die Bewegung des Magnetbandes im Start-Stopbetrieb erfolgt, wenn eine Information geschrieben bzw. gelesen werden soll. Die gespeicherten Datenblöcke können variable Längen haben, wobei die Trennung der Blöcke durch Zwischenräume erfolgt.

Tabelle 2 ermöglicht eine Orientierung über die Leistungsfähigkeit der gebräuchlichen Magnetspeicher.

Speichertyp	Zugriffzeit	Kapazität pro Einheit (bit)	Kosten pro Bit
Ferritkerne	$10 \ldots 0{,}1 . 10^{-6}$	$10^2 \ldots 20 \; . 10^6$	0,2 ... 4,– DM
Magn. Schichten	$1 \ldots 0{,}1 . 10^{-6}$	$10^3 \ldots 0{,}8 . 10^6$	1,– ... 5.– DM
Magnettrommel	$200 \ldots 1 \; . 10^{-3}$	$2 . 10^3 \ldots 10 \; . 10^6$	0,02 DM
Magnetplatte	$160 \ldots 20 . 10^{-3}$	$4 . 10^7 \ldots 2 \; . 10^9$	0,1 ... 0,5 Pf
Magnetkarte	ca. $300 \; . 10^{-3}$	ca. $4 \ldots . 10^9$	ca. 0,015 Pf
Magnetband	$500 \ldots 0{,}1 . 10^0$	$2 . 10^6 \ldots 5 \; . 10^7$	0,2 ... 3 Pf

Tab. 2. Übersicht über Magnetspeicher nach [11]

4.4. Verbindungskanäle

Die Verbindungskanäle haben die Aufgabe, Daten zwischen den E/A-Geräten, den peripheren Speichern und der Zentraleinheit zu übertragen. Die verschiedenen Arbeitsgeschwindigkeiten der peripheren Geräte müssen an die der Zentraleinheit angepaßt werden, wenn Wartezeiten ausgeschlossen werden sollen.

Die Kanäle verarbeiten deshalb die Daten bei der Übertragung und können als kleine dezentrale Satellitenrechner aufgefaßt werden. Sie besitzen eigene Steuerwerke und Speicher, sogen. Pufferspeicher. Entsprechend einem Kanalprogramm werden Daten gepuffert, in Blöcke zusammengefaßt und adressiert, um dann übertragen zu werden. Nach der Anzahl der angeschlossenen Geräte unterscheidet man:

1. den Selektorkanal, der stets nur ein Gerät bedient und meist Daten aus schnellen peripheren Speichern (z. B. Plattenspeicher) überträgt und
2. den Multiplexkanal, der mehrere periphere Geräte bedient und einen Geschwindigkeitsausgleich vornimmt.

Die Arbeitsweise der Multiplexkanäle hat besondere Bedeutung für moderne Großrechenanlagen, auf denen die Programme mehrerer Benutzer gleichzeitig verarbeitet werden können.

5. Das Prinzip der maschinellen Programmierung

In den vorangehenden drei Abschnitten wurde versucht, kurze Abrisse über das Zielobjekt, das Endprodukt und das Hilfsmittel der maschinellen Programmierung numerisch gesteuerter Werkzeugmaschinen zu geben.

Die Werkzeugmaschine ist das Zielobjekt, weil das – maschinell – zu erstellende Steuerprogramm eine sinnvolle Folge von einzelnen Bearbeitungsschritten enthalten soll, die zusammengenommen die Fertigung eines Werkstücks aus einem Rohling durch die numerisch gesteuerte Werkzeugmaschine bewirken.

Das Steuerprogramm, oder konkreter der Steuerlochstreifen, ist das Endprodukt, weil das Ziel aller einzelnen Tätigkeiten, die unter dem Begriff Programmierung zusammengefaßt werden, die Erstellung eines Informationsträgers ist, der den gewünschten Fertigungsablauf sozusagen als „gefrorene Bearbeitungsfolge" speichert.

Die elektronische Datenverarbeitungsanlage schließlich ist das Hilfsmittel, da mit ihrer Hilfe möglichst viele der oben angesprochenen Tätigkeiten verrichtet werden sollen, die zur Programmerstellung erforderlich sind.

Es wurde schon im vorigen Abschnitt ausgeführt, daß eine EDVA – genauso wie eine numerisch gesteuerte Werkzeugmaschine – nur aufgrund eines Programmes, das Schritt für Schritt in allen Details die einzelnen Verrichtungen vorschreibt, arbeiten kann. Erst das in Aktion gesetzte Programm macht aus dem universell verwendbaren Geräten (der „Hardware") eine Spezialmaschine für z. B. Lohnbuchhaltung, Wahlprognosen oder Satellitenbahnberechnung. Daher wird auch beim Einsatz der EDVA als „Programmierhilfe" für die numerische Werkzeugmaschine ein Programm benötigt, das allgemein als Übersetzer oder Prozessor (vom englischen Processor) bezeichnet wird.

Dieses Programm für die EDVA, das diese befähigt als Hilfsmittel für die Erstellung von Steuerlochstreifen zu fungieren, benötigt Eingabedaten, die die gewünschte Bearbeitungsaufgabe beschreiben. Diese Eingabedaten werden als „Teileprogramm" bezeichnet, weil in ihnen die einzelnen Schritte des Herstellungsprozesses des fertigen Teiles aus dem Rohling beschrieben werden. Diese Beschreibung erfolgt in einer Symbolik, die für jeden Übersetzer definiert wird; im allgemeinen in Form einer „Sprachbeschreibung". Diese Bezeichnung deutet darauf hin, daß das, was hier mit den Worten „Symbolik für einen Übersetzer" umschrieben wurde, normalerweise als Sprache bezeichnet wird, oder auch – um die einschlägigen Fachausdrücke aufzuführen – als Programmiersprache für numerisch gesteuerte Werkzeugmaschinen, oder kurz NC-Sprache (unter Verwendung der gebräuchlichen Abkürzung NC vom englischen Numerically Controlled). Es mag dahingestellt bleiben, ob die Bezeichnung Sprache wirklich angebracht ist oder nicht, sicherlich ist sie genausoviel gerechtfertigt, wie die Verwendung des Sprachbegriffes im

Zusammenhang mit der Programmierung von EDVA. Es dürfte sinnvoll sein, durch den Vorsatz „Programmier" zu verdeutlichen, daß etwas von den natürlichen Sprachen sehr Verschiedenes gemeint ist, nämlich ein Kommunikationsmittel zwischen Mensch und Maschine.

Die vorstehend eingeführten Begriffe lassen sich anhand des in Abbildung 5 dargestellten Ablaufes der maschinellen Programmierung erläutern. Die maschinelle Erstellung eines Steuerprogrammes für die numerisch gesteuerte Werkzeugmaschine erfolgt demnach in drei Schritten:

1. muß die Bearbeitungsaufgabe in Form des Teileprogrammes formuliert werden,
2. erfolgt die Übertragung des unter 1. erstellten Manuskriptes auf einem maschinell lesbaren Datenträger und
3. wird mit Hilfe des in einer EDVA gespeicherten Übersetzers das Teileprogramm in den Steuerlochstreifen umgewandelt.

Vergleicht man die Darstellung in Abbildung 5 mit dem verwirrend vielfältigen Angebot an unterschiedlichen Programmiersprachen und -Systemen (nach einer sicher auch nicht vollständigen Erfassung des Vereins zur Förderung des EXAPT-Programmiersystems gibt es über 100 NC-Programmiersysteme), so liegt scheinbar ein Widerspruch vor, der auf eine verfälschende Simplifizierung der Darstellung schließen läßt. Diese Annahme ist insofern berechtigt, als die Darstellung die allen maschinellen Programmierverfahren eigenen Grundideen betont und durch die Wahl von bewußt allgemein gehaltenen Formulierungen die naturgemäß vorhandenen Unterschiede zwischen den einzelnen Programmiersystemen verdrängt.

Andererseits hat die Vielfalt des Angebotes seine Ursache in den verschiedenen Richtungen, in denen eine Spezialisierung des Systems möglich ist.

An erster Stelle ist die Spezialisierung bezüglich der zu programmierenden Werkzeugmaschine zu nennen. Hierbei kann das Programmiersystem Formulierungsmöglichkeiten enthalten, die sich auf ganz spezielle Einrichtungen einer Werk-

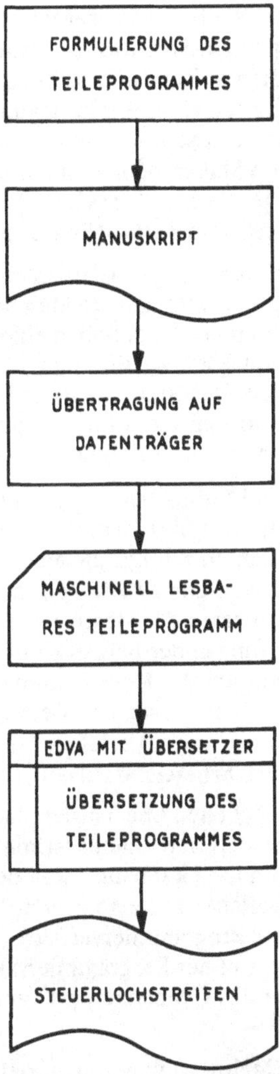

Abb. 5. Ablauf der maschinellen Programmierung (Prinzip)

zeugmaschine beziehen. Weitaus häufiger wird in den Verarbeitungsprogrammen zur Erstellung des Steuerlochstreifens bewußt Bezug genommen auf bestimmte Einrichtungen oder konstruktive Gegebenheiten einer Werkzeugmaschine oder deren Steuerung. Diese Bezugnahme kann sowohl in der festen Vereinbarung von Maßen oder Kenndaten eines bestimmten Maschinentypes liegen als auch in der Vereinfachung von Berechnungen aufgrund der speziellen Gegebenheiten.

Diese etwas abstrakten Darlegungen seien an einem Beispiel erläutert: angenommen eine zweiachsige Maschine (z. B. Brennschneide- oder Drehmaschine) haben einen quadratischen Verfahrbereich von 1000 X 1000 mm. Die Koordinaten, die das Programm auf den Steuerlochstreifen ausgibt, werden sinnvollerweise vorher daraufhin überprüft, ob sie innerhalb dieses möglichen Verfahrbereiches liegen.

Der erste Fall der Spezialisierung liegt vor, wenn die entsprechenden Vergleichsabfragen in dem Programm mit genau den konstanten Zahlen erfolgt, die den Verfahrbereich der Maschine angeben. Der zweite Fall, die Ausnutzung von speziellen Eigenarten der Maschine, liegt vor, wenn – an Stelle getrennter Prüfungen der beiden Koordinatenwerte – zuerst das Maximum der Koordinatenwerte gebildet wird und dieser Wert dann gegen den Betrag des Verfahrbereiches verglichen wird; ein Verfahren, das offenbar nur für quadratische Verfahrbereiche zulässig ist.

An zweiter Stelle der möglichen Spezialisierungen ist die Bindung des Programmiersystems an einen bestimmten Rechnertyp zu nennen. Diese Bindung kann auf zweierlei Art entstehen. Die erste und weitaus häufigere Einschränkung der Anwendbarkeit eines Programmierverfahrens aufgrund der Rechnerbindung liegt in der Programmiersprache (für den Rechnertyp), in der das Übersetzerprogramm geschrieben wurde.

Hat man hierfür eine (Rechner-) maschinenorientierte Sprache gewählt, die häufig auch als „Assembler" bezeichnet wird, so ist der Übergang auf ein anderes Rechnersystem meist mit so vielen Schwierigkeiten behaftet, daß es einfacher ist, das Übersetzerprogramm erneut zu programmieren.

Diese Schwierigkeiten lassen sich stark reduzieren, wenn zur Formulierung des Übersetzerprogrammes eine problemorientierte (Rechner-) Programmiersprache wie FORTRAN oder ALGOL verwendet wird. Zwar wird der Übergang von einem Rechner auf einen anderen Typ hierdurch stark vereinfacht, andererseits darf nicht verschwiegen werden, daß dafür das Auswahlspektrum im unteren Bereich der Leistungsfähigkeit (und Preise) eingeengt wird, weil problemorientierte Programmiersprachen höhere Mindestforderungen bezüglich der Rechnerkonfiguration stellen als maschinenorientierte Programmiersprachen.

Die zweite Möglichkeit der Beschränkung des Anwendungsbereiches eines Programmiersystems bezüglich der verwendbaren Rechnertypen kann durch die Einbeziehung von speziellen Geräten in die Konzeption des Programmiersystems erfolgen. Als Beispiel sei ein Gerät zur digitalen Erfassung der Ist-Position eines Tastkopfes auf einem Zeichenbrett mit Direkt-Eingabe in einen Rechner angeführt. Basiert die Koordinateneingabe eines Programmierverfahrens auf einem solchen Eingabegerät, so kann der zugehörige Übersetzer nur auf Rechnern implementiert werden, an die ein derartiges Gerät angeschlossen werden kann.

An dritter Stelle der möglichen Spezialisierungsrichtungen wäre die Orientieruung bezüglich der Bearbeitungsverfahren zu nennen. Hierbei ist nicht so sehr an die Spezialisierung eines Programmiersystems bezüglich der Grobeinteilung, Bohrbearbeitung, Drehbearbeitung oder Fräsbearbeitung gedacht, wo eine Separierung durchaus sinnvoll sein kann. Vielmehr sollen hier Beschränkungen angesprochen werden, die darauf hinzielen, eine Fertigungsaufgabe, die auf verschiedene Arten gelöst werden kann, standardisiert nach einem starren Schema zu behandeln. So ist es beispielsweise denkbar, daß in einem Programmiersystem Einstichoperationen an Drehteilen grundsätzlich nur mit Einstechwerkzeugen ausgeführt werden können, wobei die zugehörigen Werkzeugbewegungen dann entsprechend als eine Folge von Einstech- und Abhebebewegungen bestimmt würden. Diese Behandlung des Problems böte zwar die Gewähr, daß jeder Einstich herstellbar ist, hätte andererseits den Nachteil, daß das Bearbeitungsverfahren für lange flache Einstiche unglücklich gewählt ist, da diese sicher besser durch Abstauchen mit einem Kopiermeißel und einmaligem Freistechen hergestellt werden.

Schließlich muß an vierter Stelle auch darauf hingewiesen werden, daß eine Spezialisierung bezüglich des Teilespektrums möglich ist. Diese Spezialisierung kann, genauso wie die vorgenannten, einen positiven Aspekt haben; nämlich dann, wenn durch Beschränkung der möglichen Sprachaussagen eine Verringerung des Programmumfanges, und damit eine Erweiterung des Einsatzbereiches aufgrund der kleineren Minimalforderungen an die erforderliche Rechnerkonfiguration, erreicht wird. So beschränken sich viele Programmiersysteme bezüglich der Eingabegeometrie, und damit auch bezüglich des beschreib- und herstellbaren Teilespektrums, auf ebene, analytisch behandelbare Elemente, meist Punkt, Gerade und Kreis, um so umfangreiche Iterationsalgorithmen zur Annäherung von Kurvenzügen durch empirisch ermittelte Stützpunkte zu vermeiden.

Denkbar und realisiert sind aber auch Programmiersysteme, bei denen das Teilespektrum auf eine Teilefamilie bzw. eine Gruppe gestaltgleicher Teile reduziert wurde. Derartige Systeme bilden meist das Ende einer Kette von integrierten Datenverarbeitungsprozessen, bei denen, ausgehend von Konstruktionsanforderungen oder Funktionsbeschreibungen, durch eine Vielzahl von Verarbeitungsschritten, deren letzter die Erstellung eines Lochstreifens für die numerische Fertigung ist, ein in Funktion und Gestalt fest umrissenes Teil entworfen, berechnet und für die Fertigung vorbereitet werden soll. Hier dürfte allerdings die Grenze der Anwendbarkeit des Sprachbegriffes erreicht, wenn nicht überschritten sein, weil diese Abläufe weniger die „Sprachliche“ Formulierung der Bearbeitungsschritte zur Fertigung eines Teiles bewirken, sondern mehr als die Erzeugung von Eingabe-Parametern für ein vorprogrammiertes Teilemodell zu betrachten sind. Somit fehlt hier ein wichtiger Freiheitsgrad einer Sprache, nämlich die Freiheit bezüglich der zu beschreibenden Objekte.

Nachdem nun hier eine ganze Palette von möglichen Spezialisierungsrichtungen für Programmiersysteme zur numerischen Werkzeugmaschinensteuerung ausgebreitet wurde, wäre zu befürchten, daß im Nachfolgenden eine mehr oder weniger vollständige Sammlung von Kurzbeschreibungen der angebotenen Programmiersysteme gegeben wird. Dies wäre auch erforderlich, wenn nicht – bei einiger Vereinfachung – zwei Entwicklungsrichtungen festgestellt werden könnten, die hier mit den Begriffen Einzweck- und Mehrzwecksprachen gekennzeichnet werden sollen.

5.1. Einzwecksprachen

Unter dem Begriff der Einzwecksprachen sollen hier die vielen kleinen Programmiersysteme zusammengefaßt werden, die jedes für sich kaum Anspruch darauf erheben können, mit dem Attribut „weite Verbreitung“ oder „vielfacher Einsatz“ belegt zu werden, die aber zusammengenommen doch einen nicht zu übersehenden Anteil der gesamten Programmierung von Steuerlochstreifen abdecken.

Diese Systeme spezialisieren meist in mehreren der vorstehend aufgeführten Richtungen, so daß meist mehrere der folgenden Systemkennzeichen zutreffen:

- Zuschnitt auf eine Werkzeugmaschine oder eine Baureihe.
- Verwendung eines Kleinrechners, der ausschließlich oder überwiegend für die Programmierung benutzt wird.
- Entwicklung durch den Werkzeugmaschinenhersteller.
- Geringer Komfort der Sprache.

Der Zuschnitt auf eine Werkzeugmaschine ist am ehesten dann vorhanden, wenn die Entwicklung des Systems vom Werkzeugmaschinenhersteller durchgeführt wurde. Aber auch wenn nicht durch den Entwickler des Systems von vornherein eine Festlegung bezüglich des zu programmierenden Maschinentyps erfolgt, sind der Allgemeingültigkeit solcher Systeme enge Grenzen gesetzt, weil die Beschränkung bezüglich der Rechnergröße, auf dem das System arbeitet, die volle Berücksichtigung eines heterogenen Maschinenspektrums verbietet.

Die Verwendung von Kleinrechnern erfolgt in erster Linie aus Kostengründen, denn die Kosten für große leistungsfähige Rechner sind so hoch, daß sie keinesfalls allein für die Programmierung von Werkzeugmaschinen aufgewendet werden können. Außerdem würden derartige Rechner auch nur zu einem ganz geringen Prozentsatz durch die Steuerlochstreifenerstellung ausgelastet. Der Nachteil, der aus dem Einsatz von Kleinrechnern resultiert, ist in erster Linie der geringe Komfort, den ein solches Programmiersystem bieten kann. Andererseits bringt der Kleinrechner auch Vorteile. Durch den ständigen Zugriff aufgrund der Verwendung als Einzweck-Programmiergerät braucht keine Arbeitsplanung bezüglich der Rechnerverarbeitung betrieben werden. Wenn das System außerdem noch dialogfähig ist, was häufig der Fall ist, können Fehler in den Eingabedaten, da sie direkt angezeigt werden, sofort korrigiert werden.

Die Entwicklung von Programmierverfahren durch den Werkzeugmaschinenhersteller ist hauptsächlich von der Vorstellung bestimmt, daß man zu der Werkzeugmaschine, die nur mittels Programmen sinnvoll genutzt werden kann, auch Programmierhilfen geben muß, weil sonst ein in sich nicht arbeitsfähiges Teilprodukt angeboten würde. Ein nicht zu unterschätzender Vorteil derartiger „hauseigener" Programmiersysteme ist die Tatsache, daß sie im allgemeinen einen Spezialzuschnitt auf die zu programmierende Maschine erhalten, der von intimen Kennern der Fähigkeiten und Stärken der Maschine festgelegt wird. Andererseits kann diese Tatsache auch von Nachteil sein; nämlich dann, wenn – aus welchen Gründen auch immer – Maschinen unterschiedlicher Hersteller im Gesamtpark vorhanden sind. Hier bleibt dann bei Verwendung von Einzwecksprachen nur die Möglichkeit das jeweilige zugehörige Programmierverfahren für die entsprechende Werkzeugmaschine anzuwenden. Dies kann sogar dazu führen, daß man gezwungen ist, mehrere Rechenanlagen zu beschaffen, weil derartige Programmiersysteme nicht ohne erheblichen Aufwand von einem Kleinrechner auf den anderen übernommen werden können.

Der geringe Komfort der Einzwecksprachen begrenzt ihren Einsatzbereich in erster Linie bezüglich des Schwierigkeitsgrades der Fertigungsaufgabe. So kann das Fehlen von Alternativen zur Beschreibung verwickelter geometrischer Sachverhalte bewirken, daß trotz der Anwendung des Rechners als Programmierhilfe vorher manuelle Berechnungen erforderlich sind. Oder es unterbleibt die Ermittlung der jeweils optimalen Parameter für den Zerspannungsprozeß entsprechend den sich für jeden Arbeitsschritt ändernden Bedingungen. Diese beiden Beschränkungen laufen darauf hinaus, daß entweder der Aufwand durch den Programmierer, trotz Anwendung eines maschinellen Programmierverfahrens, recht hoch ist, oder der Fertigungsablauf bzw. das Produkt weichen bewußt, aufgrund des sonst erforderlichen Programmieraufwandes, vom Optimum ab.

Noch einschneidender wirken sich allerdings die rein zahlenmäßigen Beschränkungen aus. Meist erfordern derartige Programmiersysteme ein sorgfältiges Haushalten mit dem zur Speicherung von Daten verfügbaren Platz. Ist zum Beispiel der Speicherbereich für Punktdefinitionen für die Aufnahme von maximal 100 Punkten ausgelegt, so wird man ein Werkstück, an dem Bearbeitungen an 110 Positionen durchzuführen sind, nicht mehr in einem Programm bearbeiten können, und zwar nicht weil die Werkzeugmaschine oder deren Steuerung dies nicht leistet, sondern aufgrund der Beschränkung des gewählten Programmierverfahrens.

Das Zusammenwirken der Konfrontation mit den zahlenmäßigen Grenzen des Programmiersystems und der Notwendigkeit des Suchens nach verfügbaren Formulierungsmöglichkeiten haben zur Folge, daß die Programmierarbeit nach anfänglichem Reiz bald als unangenehme und umständliche Tätigkeit empfunden wird, was der Qualität der erzeugten Steuerlochstreifen nicht zuträglich ist.

Mit dieser etwas summarischen Behandlung soll die Darstellung der Einzwecksprachen beendet werden. Für die Vertiefung dieses Zweiges der Programmiersprachenentwicklung seien zwei Literaturstellen empfohlen, von denen die erste [8] als Fallstudie betrachtet werden kann, und die zweite [4] einen etwas detaillierten Überblick vermittelt.

5.2. Mehrzwecksprachen

Der Begriff der Mehrzwecksprachen soll abkürzend für die folgenden Eigenschaften von Programmiersprachen stehen:

- leichte Erlernbarkeit der Eingabesprache
- universelle Anwendbarkeit bezüglich der zu programmierenden Fertigungsanlagen
- umfassende Einbeziehung technologischer Beschreibungsmöglichkeiten in den Sprachumfang
- universelle Einsetzbarkeit bezüglich der verfügbaren Rechenanlagen.

Die leichte Erlernbarkeit setzt voraus, daß die Sprache problemorientiert ist, d. h. das Vokabular muß der Fachsprache der Fertigungstechnik entlehnt sein. Der Aufbau der Anweisungen muß auf wenigen Grundregeln basieren, die konsequent angewendet werden. Ferner sollten möglichst alle zur Beschreibung der Bearbeitung notwendigen Angaben direkt aus der Werkstattzeichnung entnommen werden können.

Die Aufgaben eines Programmsystems zur Verarbeitung solcher Programmiersprachen gliedern sich in Berechnungen und Entscheidungen, die ohne Kenntnis der spezifischen Fertigungsanlage erfolgen können, und in die Informationsaufbereitung für eine spezielle Werkzeugmaschine. Die universelle Anwendbarkeit von Programmiersprachen erfordert daher vor allen Dingen die in Abbildung 6 dargestellte Zweiteilung des Programmsystems in ein Übersetzungsprogramm (englisch Processor) für die allgemeingültigen Verarbeitungsschritte und ein Anpassungsprogramm (englisch Postprocessor) für die NC-Maschinen-abhängigen Verarbeitungsschritte.

Ferner muß die Konzeption der Sprache anpassungsfähig an spezielle Fertigungsaufgaben und ausbaubar für neue Fertigungsverfahren sein.

Die Einbeziehung technologischer Beschreibungsmöglichkeiten in den Sprachumfang ist die Voraussetzung für die Automati-

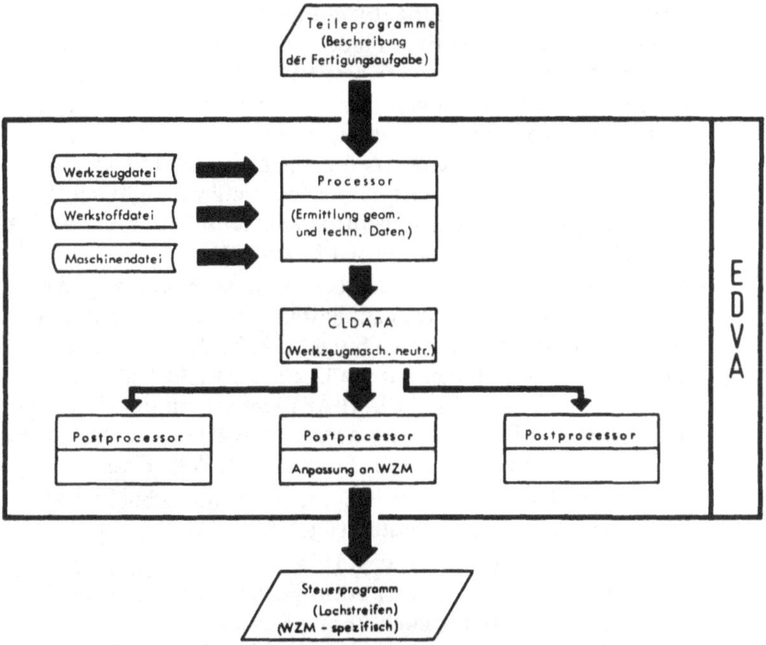

Abb. 6. Aufbau des Programmsystems zur Verarbeitung von Programmiersprachen für NC-Maschinen

sierung, d. h. die programmäßige Behandlung technologischer Probleme wie z. B.:

Arbeitsablaufermittlung,
Werkzeugermittlung,
Schnittwertermittlung,
Werkzeugwegermittlung.

Allgemeingültige, durch die Zerspanungstheorie fundierte Verfahren zur Lösung der Probleme sind zu komplex. Daher wird man sich auf die Reproduktion von in der Praxis erprobten Daten beschränken. Hierfür ist es erforderlich, daß das Programmsystem Zugriff zu anwenderspezifischen Dateien (Werkzeug-, Werkstoff-, Maschinendatei, s. Abb. 6) hat.

Die allgemeine Einsetzbarkeit von Programmiersprachen ist von Bedeutung, da die Entscheidung über den in einer Firma einzusetzenden Typ von EDVA selten von der Verfügbarkeit von Prozessoren für fertigungstechnische Programmiersprachen beeinflußt wird. Vor allen Dingen ist daher zu fordern, daß diese Programmsysteme rechnerunabhängig sind. Ein wichtiger Schritt in diese Richtung ist die Verwendung von höheren Programmiersprachen der Rechnerprogrammierung (z. B. FORTRAN, ALGOL) zur Programmierung der Prozessoren.

Die Gruppe von Programmiersprachen für NC-Maschinen, die den genannten Forderungen am besten entspricht, basiert auf der am weitesten verbreiteten Sprache APT. Dies wird z. B. dadurch dokumentiert, daß nur die Familie der „APT-ähnlichen" Sprachen (APT, EXAPT, 2CL, IFAPT) im internationelen Normungsgremium ISO diskutiert wird. Die folgenden Ausführungen beschränken sich daher auf die Sprachen der APT-Familie.

Als Familie der APT-ähnlichen Sprachen werden üblicherweise die folgenden Sprachen zusammengefaßt:

APT	(entwickelt in USA),
2CL	(entwickelt in Großbritannien),
IFAPT	(entwickelt in Frankreich),
EXAPT	(entwickelt in Deutschland).

Entsprechend der Konzeption des Programmiersystems EXAPT erfolgt innerhalb dieser Sprache eine weitere Unterteilung in die folgenden drei Sprachteile:

EXAPT 1	(Bohren und Streckenfräsen),
EXAPT 2	(Strecken- und Konturendrehen),
EXAPT 3	(2 1/2-dimensionales Konturfräsen).

Für eine erste zusammenfassende Darstellung ist nicht so sehr die jeweils spezielle sprachliche Formulierung einer Aussage, sondern mehr der Anwendungsbereich eines bestimmten Sprachinhaltes (Semantik) von Interesse. Deshalb wurden in Abbildung 7 die „semantischen Bereiche" dargestellt, die von den einzelnen Sprachen überdeckt werden. Die Darstellung kann allerdings nur qualitativ die von der jeweiligen Sprache überdeckten Anwendungsbereiche in Relation zu den anderen Sprachen zeigen.

Eine quantitative Aussage kann schon deshalb nicht gemacht werden, weil geeignete Bewertungsmaßstäbe für die Zuordnung zwischen semantischen Bereich und Flächengröße fehlen.

Die einzelnen Flächen sind mit fallender Überlappungsvielfalt aufsteigend durchnumeriert. Die zugehörige Tafel (Abb. 7) gibt stichwortartig Auskunft über die wichtigsten Aussagemöglichkeiten, die die einzelnen Flächen repräsentieren.

Kennzeichnend für die Sprachen ist:

1. Es existiert ein allen Sprachen gemeinsamer Nucleus von Aussagemöglichkeiten (Fläche 1), der es, wenn auch mit relativ großem Programmieraufwand, gestattet, sehr einfache Bearbeitungsaufgaben zu beschreiben bzw. einfache punkgesteuerte Numerikmaschinen zu programmieren.
2. Abgesehen von EXAPT 1 und IFAPT, die komplette Untermengen von EXAPT 3 bzw. APT sind, hat jede Sprache einen Bereich von Aussagemöglichkeiten (Fläche 12, 13, 14 und 15), der in allen anderen Sprachen fehlt. Hieraus läßt sich eine Existenzberechtigung der verschiedenen Sprachen ableiten, obwohl sie sich in weiten Bereichen überdecken.
3. Für die Fräsbearbeitung stehen mehr konkurrierende Sprachen zur Verfügung als für Bohr- und Drehbearbeitung. Dem steht entgegen, daß nach statistischen Erhebungen [10] ca. 63% aller Werkstücke Rotationsteile sind und daher auf Drehmaschinen zu bearbeiten sind. Dieser scheinbare Widerspruch läßt sich dadurch erklären, daß die Komplexität der Werkstücke für Fräsbearbeitungen, wie auch in [10] gezeigt, im allgemeinen größer ist als bei Rotationsteilen. Daher ist der Einsatz der maschinellen Programmierung häufiger notwendig und wirtschaftlich zu rechtfertigen.
4. Eine Sonderstellung nehmen die Sprachen des EXAPT-Systems ein. Sie enthalten umfangreiche Aussagemöglichkeiten zur Beschreibung technologischer Sachverhalte.
   Nach [9] sind die in Abbildung 8 gezeigten Aufgaben zu verrichten, um von der Produktidee zum fertigen Werkstück zu gelangen. In dem Diagramm sind ferner die notwendigen Beschreibungsmöglichkeiten genannt, die gegeben

Flächen-Nummer	semantische Bereiche	APT	2CL	IFAPT	EXAPT1	EXAPT2	EXAPT3
1	Arithmetik, Programmschleifen und Unterprogramme Definition von Punkt, Gerade und Kreis Positionsanweisungen; Aufruf für Vorschub, Spindeldrehzahl etc.	X	X	X	X	X	X
2	Definition von Punktmuster, Koordinatentransformation Aufruf für Drehtische und Hardwarezyklen	X	X	X	X		X
3	zusätzliche Definitionen für Punkt, Gerade und Kreis Fahranweisungen	X	X	X		X	X
4	Definition von Ellipse, Parabel, Hyperbel, tabellierte Funktion Werkzeugversatzberechnung, Taschenfräsen	X	X	X			X
5	Definition von Bohrbearbeitung mit Vorgabe von Werkzeug und Schrittwerten		X		X	X	X
6	zusätzliche Definitionen für Punkt, Gerade, Kreis und Punktmuster	X	X				X
7	Punktmusterbearbeitung mit Bohrbearbeitungsdefinitionen		X		X		X
8	Schrittwertberechnung für Bohrbearbeitungsdefinitionen				X	X	X
9	Definition von Fräsbearbeitung mit Vorgabe von Werkzeug und Schrittwerten Konturbeschreibung für Taschenfräsen		X				X
10	zusätzliche Definition für tabellierte Funktionen	X	X				
11	Bearbeitungsfolgen- und Werkzeugermittlung für Bohrbearbeitung				X		X
12	3-dimensionales Konturfräsen, 3-dimensionaler Werkzeugversatz, Mehrachsensteuerung (bis zu 5 Achsen)	X					
13	zusätzliche geometrische Definitionen		X				
14	verschiedene Schnittaufteilungsverfahren für Taschenfräsen						X
15	komplette Beschreibung von Drehteilen mehrere Schnittaufteilungsverfahren unter Berücksichtigung der vorangegangenen Bearbeitungen					X	

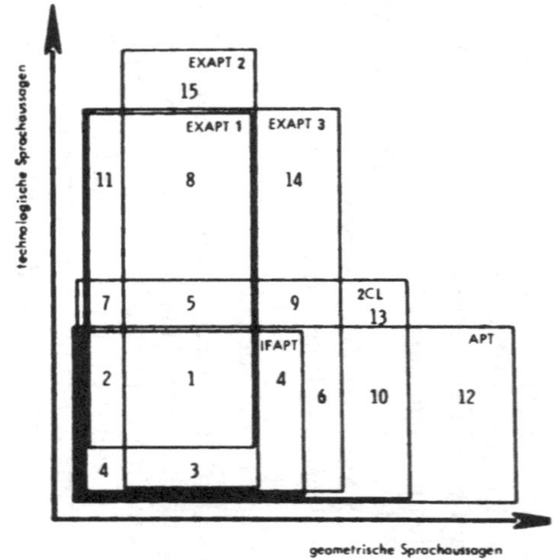

Abb. 7. Semantische Bereiche von Sprachen der APT-Familie

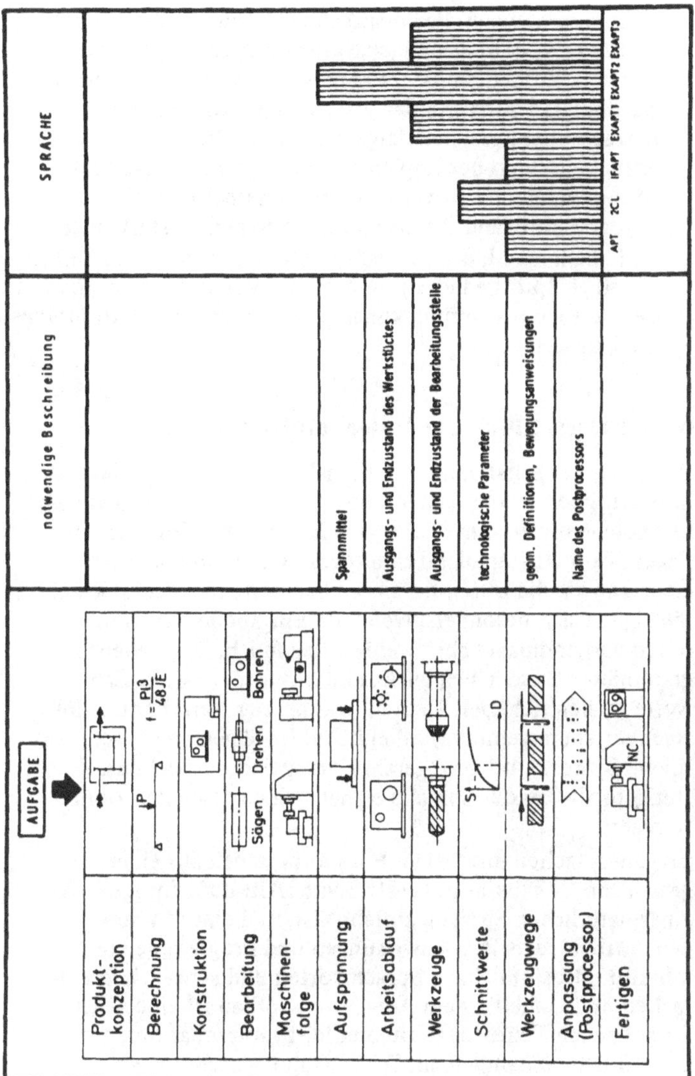

Abb. 8. Automatisierungsgrad von Sprachen der APT-Familie

sein müssen, wenn die entsprechende Teilaufgabe mit Hilfe von EDVA, d. h. durch den Sprach-Prozessor, gelöst werden soll. Zusätzlich ist der maximal erreichbare Automatisierungsgrad aufgrund der sprachlichen Konzeption der betrachteten Sprachen dargestellt. Eine Orientierung am aktuellen Stand der Implementierungen würde das Bild verzerren, da der Entwicklungsbeginn und der bisher investierte Aufwand für die einzelnen Sprachen stark unterschiedlich ist. Man sollte daher beachten, wer in Zukunft die jeweilige Sprache betreut und ob die Verwaltungsorganisation den Ausbau bis zum maximal erreichbaren Automatisierungsgrad anstrebt.

6. Die Darstellung der Eingabeinformation

Bezüglich der Darstellung der Eingabeinformation lassen sich zwei Gruppen von Sprachen unterscheiden: solche mit freiem und solche mit festem (Tabellen-) Format. Bei Sprachen mit festem Format trägt der Teileprogrammierer in die Spalten einer Tabelle die Daten für das zu bearbeitende Werkstück ein. Sie eignen sich besonders, wenn die Eingabeinformationen selten variieren, sind aber wenig anschaulich. Der Teileprogrammierer täuscht sich leicht in der Zuordnung der Zahlenwerte zu den richtigen Spalten, was bei der Verarbeitung im Rechner kaum geprüft werden kann. Im allgemeinen kommen solche Systeme mit geringerem Kernspeicherbedarf aus. Zum stetigen Ausbau der Sprache eignet sich das Tabellenformat weniger.

Eingabesprachen mit freiem Format bestehen aus einem ausgewählten Vokabular mit festvereinbarten Bedeutungen, das einer natürlichen Sprache entlehnt ist, und einer Syntax, die den Aufbau zulässiger Anweisungen und Programme vorschreibt. Mit sinnfälligen Sprachworten und syntaktisch einfachen und einheitlichem Anweisungsaufbau ist eine solche Sprache vom Teileprogrammierer leicht erlernbar und einfach und schnell zu handhaben. Das Vokabular stellt eine mnemotechnische Hilfe zur Vermeidung von Fehlern dar. Dem Teileprogrammierer bleibt eine gewisse „Freiheit des Stils“ beim Schreiben der Teileprogramme. Dieser schöpferische Spielraum hilft Nachteile der Routinearbeit kompensieren.

Sprachen der APT-Familie sind formatfrei, d. h. der Programmierer ist nicht an ein bestimmtes Tabellenformat gebunden. Um trotzdem eine einwandfreie Erkennung der Sprachaussagen mittels EDVA durchführen zu können, müssen eindeutige Regeln die Struktur der Sprache festlegen. In Analogie zu den Hierarchiestufen im Aufbau von natürlichen Sprachen unterscheidet man (s. Abb. 9).

1. einen Zeichenvorrat, aus dem durch Kombination von Zeichen
2. Sprachelemente gebildet werden, die den Worten der Umgangssprache vergleichbar sind und aus denen wiederum durch Kombination
3. Anweisungen gebildet werden.

Hierarchiestufe	syntaktische Unterschiede
Zeichenvorrat	Buchstaben Ziffern Sonderzeichen
Sprachelemente	Worte Zahlen Syntaxelemente Zeichenketten
Anweisungen	Anweisungsmarke Symbolzuweisung Hauptteil Nebenteil

Abb. 9. Syntaxstruktur von Sprachen der APT-Familie

Eine Folge von Anweisungen ist die höchste Stufe in diesem Hierarchiesystem. Sie wird als Teileprogramm bezeichnet und beschreibt die Bearbeitungsschritte, die zur Herstellung eines Werkstückes durchgeführt werden müssen.

Der Zeichenvorrat von Sprachen der APT-Familie besteht aus den großen Buchstaben A bis Z, den Ziffern 0 bis 9 sowie den Sonderzeichen . , / + - () * = $. Zusätzlich ist das Leerzeichen (englisch blank) im Zeichenvorrat enthalten, allerdings mit der Maßgabe, daß es keine Bedeutung hat. Leerzeichen können daher überall verwendet werden, um die Übersichtlichkeit der geschriebenen Anweisungen zu erhöhen.

Die Sprachelemente werden aus dem Zeichenvorrat nach den folgenden Regeln gebildet:

Worte bestehen aus maximal sechs Buchstaben und/oder Ziffern. Das erste Zeichen muß ein Buchstabe sein. Innerhalb der Worte ist wiederum zwischen Vokabeln und Symbolen zu unterscheiden.

Vokabeln (Sprachworte wie z. B. POINT, TANTO, GOTO, AVOID, COOLNT oder RESERV) haben eine feste Bedeutung, die vom Benutzer der Sprache erlernt werden muß.

Symbole (frei wählbare Namen wie z. B. ANTON, HUGO, L17, LOCH1 oder PUNKT) dienen dazu, einem zu definierenden Sachverhalt einen Namen zu geben, unter dem dieser im Verlauf der nachfolgenden Anweisungen aufgerufen werden kann. Symbole dürfen nicht mit Sprachworten identisch sein.

Zahlen (wie z. B. 13, 0.5, -3 oder 3.1415) werden aus Ziffern und gegebenenfalls einem Vorzeichen (+ oder -) gebildet. Dezimalbrüche werden vom ganzzahligen Teil durch den Dezimalpunkt getrennt.

Syntaxelemente (wie z. B. = , /) sind Sonderzeichen, die zur Trennung von Worten und/oder Zahlen benutzt werden.

Zeichenketten (wie z. B. VENTIL GEHAEUSE Z.-NR. 113-478B) sind nur in ganz bestimmten Anweisungen zugelassen. In Zeichenketten sind auch Zeichen erlaubt, die nicht zum definierten Zeichenvorrat gehören. Dementsprechend wird hier das Leerzeichen als gültiges Zeichen gewertet.

Obwohl die Zahl der möglichen gültigen Anweisungen sehr groß ist, haben sie doch einen einheitlichen Aufbau.

Der Hauptteil einer Anweisung, wie z. B. GOBACK / L17, TANTO, C1 ist eine Vokabel (Hauptwort, hier GOBACK), die den zu beschreibenden Sachverhalt grob klassifiziert. In den meisten Fällen sind ergänzende Angaben in Form von Worten und/oder Zahlen notwendig. Diese werden im Nebenteil (hier L17, TANTO, C1) spezifiziert. Dabei werden Haupt- und Nebenteil voneinander durch einen Schrägstrich und die einzelnen Angaben im Nebenteil voneinander durch Kommata getrennt.

Bei definierenden Anweisungen, wie z. B. L17=LINE/P1, ATANGL, 45, die wiederverwendet werden sollen, ist eine Bennennung in Form einer Symbolanweisung erforderlich. Diese erfolgt vor dem Hauptteil (hier L17=), wobei das zugewiesene Symbol vom Hauptteil durch ein Gleichheitszeichen abgegrenzt wird. Jedes Symbol, mit Ausnahme der Symbole für arithmetische Ausdrücke, darf nur einmal links vom Gleichheitszeichen erscheinen. Dies bedeutet, daß eine Umdefinition unter Verwendung eines bereits vergebenen Symbols verboten ist.

In einigen Fällen ist es erforderlich, daß ganze Anweisungen durch ein Symbol benannt werden, weil sie das Sprungziel einer Programmverzweigung sind. Derartige Anweisungsmarken müssen vor der eigentlichen Anweisung stehen und werden von ihr durch eine schließende Klammer abgegrenzt.

Sprachen der APT-Familie enthalten zusätzlich zu den bisher beschriebenen zwei weitere syntaktische Möglichkeiten:

1. indizierte Symbole,
2. geschachtelte Anweisungen.

Die Symbolindizierung, wie z. B. KREIS (5) = CIRCLE/10, 10, 20 gestattet es, ein Feld gleichartig definierter Sachverhalte unter einem Symbolnamen zu führen und ein spezielles Element aus dem Feld mit Hilfe des Symbolindex auszuwählen. Dieser wird durch einen Zahlenwert repräsentiert und muß, in Klammern eingeschlossen, direkt hinter dem Symbol aufgeführt werden.

Mit Hilfe von geschachtelten Anweisungen wie z. B. L17=LINE/(POINT/20, 20), ATANGL, 45 ist es möglich, an Stelle eines aufrufenden Symbols im Nebenteil einer Anweisung die gesamte Definition selbst einzusetzen. Die für das Symbol stellvertretend eingefügte Definition muß in Klammern eingeschlossen werden.

Neben den rein formalen Teilen einer Anweisung lassen sich auch die vielen verschiedenen möglichen Anweisungen in ein Typenschema einordnen. Man unterscheidet zwischen

1. definierenden Anweisungen, die die Beschreibung von geometrischen, technologischen oder arithmetischen Sachverhalten gestatten,
2. exekutiven Anweisungen, die die Ausführung zuvor definierter Sachverhalte bewirken und
3. programmtechnischen Anweisungen, die die Verarbeitung des Teileprogramms durch den Prozessor steuern.

In Abbildung 10 sind die zugelassenen Anweisungsteile für die verschiedenen Anweisungarten aufgeführt. Auf den ersten Blick erscheint die Sprachstruktur recht inkonsequent, da, abgesehen von der einheitlichen Handhabung der Anweisungsmarken, keine generellen Regeln vorhanden sind.

Das Verbot der Symbolzuweisung und das mögliche Fehlen eines Nebenteiles für exekutive und programmtechnische Anweisungen ist aber folgerichtig, da beide Anweisungstypen Kommandos an die Fertigungsanlage bzw. den Prozessor darstellen. Somit verbietet sich die Symbolzuweisung aufgrund des eindeutig exekutiven Charakters, und ein Nebenteil kann entfallen, wenn der Hauptteil hinreichend präzise ist (z. B. Eilgang: RAPID oder Ende des Teileprogramms: FINI).

Die verbleibende Differenz ist das mögliche Fehlen des Hauptteiles in definierenden Anweisungen. Diese sprachformale Inkonsequenz wird durch die arithmetischen Anweisungen hervorge-

Anweisungsteil / Anweisungsart	Anweisungs-marke	Symbol-zuweisung	Hauptteil	Nebenteil
definierend	○	○	○	+
executiv	○	–	+	○
programmtechn.	○	–	+	○

+ muß vorhanden sein

○ kann vorhanden sein

– darf nicht vorhanden sein

Abb. 10. Zulässige Anweisungsteile in den verschiedenen Anweisungsarten

rufen, die keinen Hauptteil enthalten. Sie wurden direkt aus den höheren Programmiersprachen zur Programmierung von EDVA übernommen, so daß hier der Einheitlichkeit mit anderen Sprachen der Vorzug vor der sprachformalen Konsequenz gegeben wurde.

Eine Schwierigkeit besonderer Natur, die auch unter dem Thema der Darstellung der Eingabeinformation behandelt werden muß, ist die Frage nach der Darstellungsform der zu beschreibenden Anweisungen innerhalb der nun folgenden Kapitel. Hiermit ist das Problem der Sprache zur Beschreibung einer Sprache oder, wie man sagt, die Erfordernis einer „Metasprache" angesprochen. Das Problem der Metasprache kann und soll hier allerdings nicht näher beleuchtet werden.

Von Interesse und vorab zu erläutern sind dagegen die Regeln, mit denen hier die Darstellung durchgeführt wird. Hierbei muß unterschieden werden zwischen den Beispielen in Abbildungen und im Text einerseits und den allgemeinen Darstellungen eines bestimmten Anweisungstyps andererseits.

Die Beispiele werden genau so aufgeführt, wie sie auch auf einem Manuskript eines Teileprogrammierers erscheinen, das für das Ablochen erstellt wurde. Hiermit sind insbesondere die ausschließliche Verwendung von großen Buchstaben und die Auswahl von bestimmten Symbolen und Zahlenwerten gemeint.

Für die allgemeinen Darstellungen von Anweisungen gelten die folgenden Regeln:

1. Die Anweisungen werden in der Form gezeigt, wie sie nach Reduktion auf die einfachsten Sprachelemente erscheinen, d. h. Symbole werden grundsätzlich ohne an sich möglichen Index dargestellt, es werden keine geschachtelten Definitionen und keine arithmetischen Ausdrücke gezeigt.

2. Sprachworte und Syntaxelemente werden in der Form geschrieben, wie sie auf dem Programmanuskript erscheinen müssen.

3. Sind an einer bestimmten Position einer Anweisung mehrere gleichwertige aber unterschiedliche Vokabeln zugelassen, so werden die möglichen Alternativen wie im folgenden Beispiel untereinander aufgeführt:

$$sp = POINT/\begin{matrix} XLARGE \\ XSMALL \\ YLARGE \\ YSMALL \end{matrix}, INTOF, sl, sk$$

4. Symbolische Referenzen und Zahlenwerte werden durch einen oder mehrere kleine Buchstaben repräsentiert. Sofern in den Erläuterungen keine abweichenden Angaben gemacht werden, gelten die im Verzeichnis der Abkürzungen angegebenen Bedeutungen.

5. Sind in einer Anweisung mehrere gleichartige Symbole oder Zahlenwerte zugelassen, so werden sie durch eine angehängte fortlaufende Nummer voneinander unterschieden.

7. Definierende Sprachaussagen

Es wurde schon mehrfach kurz erwähnt, daß die Sprachen der APT-Familie umfangreiche Möglichkeiten der Definition geometrischer und technologischer Sachverhalte bieten. Man benötigt diese Definition, um die Geometrie eines Werkstückes und die Technologie seiner Herstellung festlegen zu können. Diese Festlegung von Werkstückgeometrie und Fertigungstechnologie ist logisch streng zu trennen von der Beschreibung der Ausführung.

So gibt es geometrische Anweisungen zur Beschreibung von Punkten und Punktmustern, auf die Werkzeuge positioniert oder zur Ausführung von Lochbearbeitungen aufgerufen werden. Die jeweiligen Daten der Lochbearbeitung, wie Durchmesser und Tiefe der Bohrung, Vorschub und Schnittgeschwindigkeit des Werkzeuges, werden auch in entsprechenden technologischen Definitionen festgelegt.

Man kann Geraden und Kreise und teilweise auch analytische Kurven höheren Grades definieren oder durch Angabe von Stützpunkten nicht analytische Kurven approximieren. Man benötigt diese Kurven, damit anschließend Werkzeuge an ihnen entlang geführt werden können, um so z. B. Absätze, Nuten oder Flächen zu fräsen bzw. Durchmesser, Planflächen, Kegel oder Rundungen zu drehen. Auch hier werden die Angaben für den entsprechenden Zerspanungsvorgang in technologischen Definitionen festgelegt.

Ferner gibt es Definitionen, durch die man die elementaren geometrischen Kurven zu Konturen verknüpfen kann. Diese Konturen können komplizierte, zu fräsende Taschen darstellen oder sogar die gesamte Kontur eines Drehteiles.

Der größte Teil dieser verschiedenen möglichen Definitionen erfordert die Zuweisung eines Symboles, um später das definierte Element durch Nennung seines symbolischen Namens wieder aufrufen zu können. Diese Symbolzuweisung resultiert aus der Trennung von Definition und Ausführung, die allerdings kein zwingendes Prinzip ist. Vielmehr hat sich diese Trennung nur als zweckmäßig erwiesen, weil so mehrfach benötigte Größen nur einmal beschrieben und anschließend durch die Namensnennung beliebig oft wieder aufgerufen werden können.

7.1. Geometrische Definitionen

Im allgemeinen wird in den Programmiersprachen der APT-Familie nicht die gesamte Gestalt des jeweils zu fertigenden Werkstückes beschrieben. Vielmehr definiert man nur die geometrischen Elemente, die in unmittelbarem Zusammenhang mit der Fertigungsaufgabe benötigt werden. Hierbei kann es sich sowohl um einzelne Geraden und Kreise handeln, die zur Führung der Werkzeugbewegungen auf bestimmten Bahnen benötigt werden, als auch um Berandungskonturen für Zerspanungsbereiche oder Flächen, die das Werkzeug nicht verletzen darf.

Zur Beschreibung der Werkstückgeometrie wird ein rechtsdrehendes karthesisches Koordinatensystem verwendet, wobei die Z-Achse im allgemeinen (d. h. wenn nichts anderes ausdrücklich vereinbart wird) parallel zur Werkzeugachse läuft. Der Ursprung des Koordinatensystems kann, unabhängig von den speziellen Gegebenheiten einer bestimmten Werkzeugmaschine, frei gewählt werden, weshalb man auch von dem „Werkstück-Koordinaten-System" im Gegensatz zum Maschinenkoordinatensystem spricht.

Um die Werkstückgeometrie eindeutig zu beschreiben, erfolgt eine Zerlegung in geometrisch definierbare Elemente. Die Lage dieser Elemente im Koordinatensystem kann dann mit Hilfe von geometrischen Definitionsanweisungen beschrieben werden. Hierbei ist häufig die Angabe von Längen und Winkeln erforderlich. Während Winkelangaben grundsätzlich in Grad und dezimalen Bruchstücken davon erfolgen, werden Längenangaben allgemein in der Längeneinheit (des Landes, das das Programmiersystem entwickelt hat) interpretiert, was also Zoll oder Millimeter sein kann. Um diese Schwierigkeit des Maßsystems zu umgehen, ist neuerdings schon in einigen Programmiersprachen eine Anweisung zur Festlegung der Längeneinheit vorgesehen:

UNITS/MM
UNITS/INCH

Diese Anweisung braucht allerdings nicht benutzt zu werden, wenn die Anfangskondition („Default value") ohnehin die gewünschte Maßeinheit festlegt.

Eine weitere allgemein zu behandelnde Frage ist die Vereinbarung bezüglich der dritten Dimension. Obwohl alle hier betrachteten Sprachen – mit Ausnahme der reinen Dreharbeitungssprache EXAPT 2 – Werkzeugwege in drei Dimensionen, d. h. mit X, Y- und Z-Koordinaten ermitteln, sind die geometrischen Definitionsmöglichkeiten vorwiedend an der in Zeichnungen vorliegenden zweidimensionalen Darstellung orientiert. So sind z. B. die Möglichkeiten der Beschreibungsvielfalt für die zweidimensionalen Elemente „Linie" und „Kreis" weit umfangreicher als für ihre dreidimensionalen Pendants „Ebene" und „Kugel". Somit besteht häufig der Bedarf, eine – an sich fehlende – Z-Koordinate zu ergänzen oder den Z-Wert aller Definitionen festzulegen, was mit der bis auf Widerruf wirksamen Anweisung

$$\mathrm{ZSURF}/^{z}{}_{se}$$

angegeben werden kann. Hierbei definiert z einen konstanten z-Wert und se den symbolischen Namen einer Ebene. Der vorher angesprochene Widerruf läßt sich nur durch die erneute ZSURF-Anweisung mit anderem Parameter bewerkstelligen. Anfangskondition ist die Z-Höhe Null, die sich leicht durch die Anweisung ZSURF/O wieder etablieren läßt.

7.1.1. Basisdefinitionen für Punkt, Gerade und Kreis

Unter dem Begriff der Basisdefinition soll hier eine Beschreibungsform gekennzeichnet werden, die eine Definition des jeweiligen Elementes gestattet, ohne das auf ein anderes geometrisches Element Bezug genommen wird. Mit anderen Worten: die Basisdefinitionen sind in sich selbst verständlich und benötigen nur Zahlenwerte um den gewünschten Punkt, die spezielle Linie oder den benötigten Kreis zu beschreiben. Die benötigten Zahlenwerte sind für die Punktdefinitionen selbstverständlich seine Koordinaten, wobei die Angabe des Z-Wertes wahlweise entfallen kann; zur Beschreibung der Geraden muß man zwei (selbstverständlich nicht identische) Punkte in Koordinatenwerten angeben. Zur Beschreibung eines Kreises sind die Angaben von Mittelpunktskoordinaten und des Radius erforderlich. Somit gelten für die Basisdefinitionen von Punkt, Gerade und Kreis folgende allgemeine Schreibweisen:

```
sp = POINT/x, y
sp = POINT/x, y, z
sl = LINE/x1, y1, x2, y2
sk = CIRCLE/x, y, r
```

Je ein Beispiel für jede Definition ist zusammengefaßt in Abbildung 11 dargestellt. Die Verwendung von Worten der englischen Sprache oder (wie später auch zu sehen sein wird) Abkürzungen davon, ist ein wesentliches Kennzeichen der Sprachen der APT-Familie. Es hat den rein historischen Grund, daß die erste Entwicklung dieser Sprachen (APT) in Amerika erfolgte, wobei man sich sprachlich an die Muttersprache anlehnte.

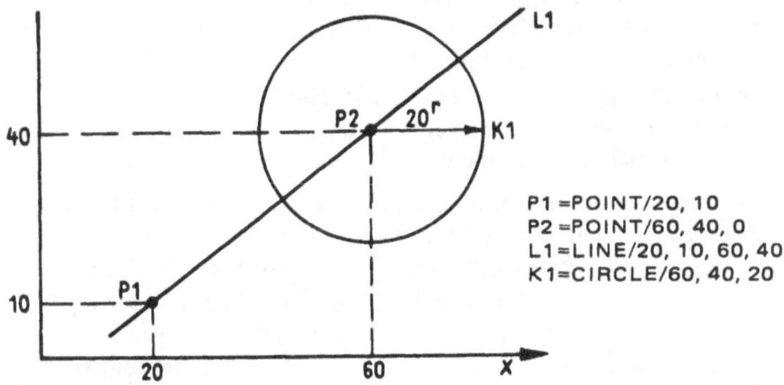

Abb. 11. Basisdefinitionen für Punkt, Gerade und Kreis

Eine zweite Definitionsform, die allerdings nicht in den drei Teilen der EXAPT-Sprache verfügbar ist, gehört auch unter die Rubrik der Basisdefinitionen. Allerdings ist sie nicht ohne weiteres verständlich, da sie das Abbild der (rechner-) internen Darstellung der geometrischen Elemente ist.

Durch das Verarbeitungsprogramm werden alle geometrischen Definitionen umgerechnet auf eine standardisierte Darstellung, die man „kanonische Form" nennt.

Zum Verständnis der kanonischen Formen bedarf es allerdings noch eines kleinen Einblicks in die grundlegenden Ideen, auf denen die Errechnung der Werkzeugwege mittels vorgegebener Geometrie basiert. Um die Bewegung des Werkzeugs als dreidimensionales Gebilde eindeutig bestimmen zu können, genügt es für den allgemeinen Fall nicht allein, wenn man Wege in einer Ebene in Form von Geraden oder Kreisen vorschreibt. Vielmehr muß das Werkzeug tangierend an Flächen geführt werden, um eindeutig seine Lage im Raum festzulegen. Andererseits ist der Ausgangspunkt der Programmierung fast immer eine technische Zeichnung – also eine zweidimensionale Darstellung. Um diese Diskrepanz zu überwinden, werden die Eingabedefinitionen für Geraden und Kreise als Spurbilder von Ebenen und Zylindern auf der x-y-Ebene aufgefaßt, so daß sie intern als Flächen dargestellt werden können, ohne daß jedesmal der damit verbundene erhöhte Beschreibungsaufwand getrieben werden muß. So werden alle Geraden als Ebenen senkrecht zur x-y-Ebene dargestellt, alle Kreise sind Zylinder, die ebenfalls senkrecht auf der x-y-Ebene stehen, welche die Beschreibungsebene ist.

Somit bestehen die kanonischen Formen für den Punkt aus seinen drei Koordinaten in x, y und z; für die Gerade (als Ebene) aus den drei Komponenten des Normalen-Einheitsvektors ex, ey und ez sowie dem Lotabstand zum Ursprung a, wobei die Komponente in z-Richtung allerdings immer Null ist; für den Kreis (als Zylinder) wird den Mittelpunkt-Koordinaten x und y noch eine z-Komponente (die stets Null ist) hinzugefügt, sowie ein Achsrichtungsvektor mit drei Komponenten, der stets in die positive z-Richtung weist (also die Werte o, o, 1 hat), bevor der Radius angegeben wird. Einheitlich für alle Elemente wird diese Definitionsform durch die Vokabel CANON im Nebenteil als Beschreibung der kanonischen Form wie folgt ausgewiesen:

```
sp = POINT/CANON, x, y, z
sl = LINE/CANON, ex, ey, ez, a
sk = CIRCLE/CANON, x, y, z, ex, ey, ez, r
```

Das in die räumliche Vorstellung übersetzte Beispiel aus Abbildung 11 ist in Abbildung 12 dargestellt.

Der scheinbare Widersinn, der in der Erweiterung der Parameterliste um konstante Werte liegt, kann durch den Hinweis auf die Möglichkeit der Beschreibung der Geometrie in transformierten Koordinatensystemen entkräftet werden; denn bei Rücktransformationen in das Ursprungssystem können auch die konstant hinzugefügten Werte verändert werden.

```
P1 =POINT/CANON, 20, 10, 0
P2 =POINT/CANON, 60, 40, 0
L1 =LINE/CANON, 0.6, -0.8, 0, 4
K1=CIRCLE/CANON, 60, 40, 0, 0, 0, 1, 20
```

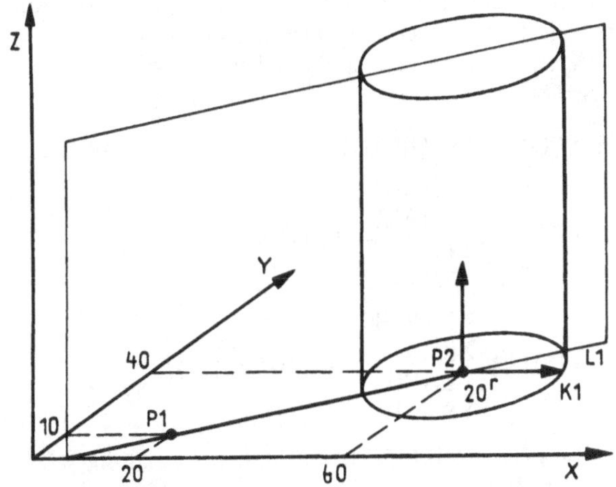

Abb. 12. Basisdefinitionen in kanonischen Formen

7.1.2. Verknüpfende Definitionen für Punkt, Gerade und Kreis

Im Gegensatz zu den Basisdefinitionen gibt es eine Vielfalt von Sprachaussagen zur Beschreibung von geometrischen Elementen als Funktion oder durch Verknüpfung von anderen, bereits definierten Elementen. Die denkbar mögliche Anzahl unterschiedlicher Definitionsformen ist sogar so groß, daß jede der hier behandelten Sprachen jeweils nur eine Auswahl von häufig benötigten Beschreibungsformen enthält. Von diesen insgesamt verfügbaren Anweisungen werden hier nur die behandelt, die mindestens in zwei Vertretern der Sprachen der APT-Familie gleichlautend verfügbar sind. Sie sollen im folgenden separat für Punkte, Geraden und Kreise vorgestellt werden, wobei Gruppen gleichartiger Definitionsformen oder -elemente gebildet werden.

Die erste Gruppe von Punktdefinitionen bietet die Möglichkeit Schnittpunkte zwischen Geraden und Kreisen zu definieren, wobei die Vokabel INTOF als Abkürzung des Englischen „intersection of“ (Schnittpunkt von) die Schnittpunktberechnung verlangt. Alle drei möglichen Kombinationen (Gerade–Gerade, Gerade–Kreis, Kreis–Kreis) sind definierbar und haben folgenden Aufbau:

$$\text{sp} = \text{POINT/INTOF, sl1, sl2}$$

$$\text{sp} = \text{POINT/}\begin{matrix}\text{XLARGE}\\ \text{XSMALL}\\ \text{YLARGE}\\ \text{YSMALL}\end{matrix}\text{, INTOF, sl, sk}$$

$$\text{sp} = \text{POINT/}\begin{matrix}\text{XLARGE}\\ \text{XSMALL}\\ \text{YLARGE}\\ \text{YSMALL}\end{matrix}\text{, INTOF, sk1, sk2}$$

Beispiele für diese Definitionen sind in den Abbildungen 13, 14 und 15 wiedergegeben.

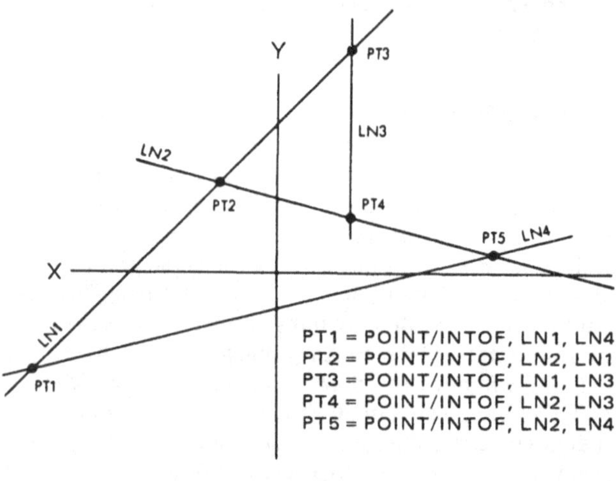

Abb. 13. Punktdefinition als Schnittpunkt zweier Geraden nach [2]

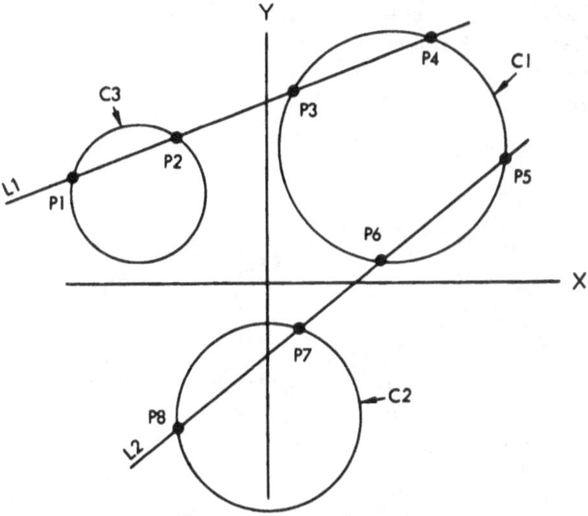


```
P1 = POINT/YSMALL, INTOF, L1, C3
P2 = POINT/YLARGE, INTOF, L1, C3
P3 = POINT/YSMALL, INTOF, L1, C1
P4 = POINT/YLARGE, INTOF, L1, C1
P5 = POINT/XLARGE, INTOF, L2, C1
P6 = POINT/XSMALL, INTOF, L2, C1
P7 = POINT/XLARGE, INTOF, L2, C2
P8 = POINT/XSMALL, INTOF, L2, C2
```

Abb. 14. Punktdefinition als Schnittpunkt von Gerade und Kreis nach [2]

Bei diesen Definitionsformen erscheint zum ersten Mal ein wichtiges, weil häufig angewendetes Selektionsverfahren. Häufig muß aus zwei geometrisch möglichen Lösungen – wie hier die zwei Schnittpunkte zwischen Gerade und Kreis bzw. Kreis und Kreis – die richtige ausgewählt werden. Dies erfolgt, sofern möglich, mit Hilfe einer relativen Lagebeschreibung, die mit den beiden Achsenrichtungen und den Begriffen größer und kleiner operiert. Daher bedeuten die vier verschiedenen Sprachworte (oder Modifikatoren):

XLARGE – größerer X - Wert
XSMALL – kleinerer X - Wert
YLARGE – größerer Y - Wert
YSMALL – kleinerer Y - Wert

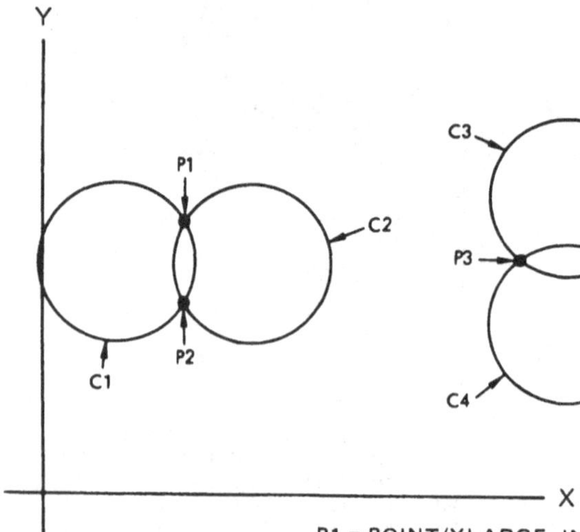

P1 = POINT/YLARGE, INTOF, C1, C2
P2 = POINT/YSMALL, INTOF, C1, C2
P3 = POINT/XSMALL, INTOF, C3, C4
P4 = POINT/XLARGE, INTOF, C3, C4

Abb. 15. Punktdefinition als Schnittpunkt zweier Kreise nach [2]

Üblicherweise sind je zwei der vier verschiedenen Modifikatoren äquivalent verwendbar, da z. B. der mit P2 bezeichnete Schnittpunkt in Abbildung 14 sowohl bei größeren X- wie Y-Werten liegt, so daß die Definition genausogut hätte lauten können P2 = POINT/XLARGE, INTOF, L1, C3. Nur in Ausnahmefällen, nämlich wenn die schneidende Gerade achsparallel läuft oder im Fall zweier Kreise die Gerade durch deren Mittelpunkte achsparallel ist, bleibt keine Wahlfreiheit für den Modifikator. So ist die Anwendung von XSMALL oder XLARGE zur Definition von P1 oder P2 in Abbildung 15 unzulässig, da hiermit keine

Auswahl möglich ist, weil beide Punkte die gleiche X-Koordinate habén.

Die zweite Gruppe der Punktdefinitionen dient der Beschreibung von Punkten am Kreis. Es gibt einmal die Möglichkeit, den Mittelpunkt eines bereits definierten Kreises mit einem Punktsymbol zu belegen, um darauf aufbauend weitere geometrische Elemente wie z. B. einen zum ursprünglichen Kreis konzentrischen Kreis zu beschreiben oder eine Linie durch den Kreismittelpunkt zu definieren. Diese Definitionsform verwendet die Vokabel CENTER zur Beschreibung der Auswahl des Kreismittelpunktes in der folgenden Form:

sp = POINT/CENTER, sk

Es ist zu beachten, daß hier nicht die englische Schreibweise „centre" sondern die amerikanische „center" gewählt ist. Diese Definitionsform, für die ein Beispiel in Abbildung 16 gezeigt ist, eignet sich besonders dann, wenn der Mittelpunkt des Kreises, der hier zur Weiterverwendung benannt wird, vorher nicht explizit bekannt war, z. B. weil der Kreis tangierend an zwei Geraden definiert wurde, was im Folgenden noch zu erläutern ist.

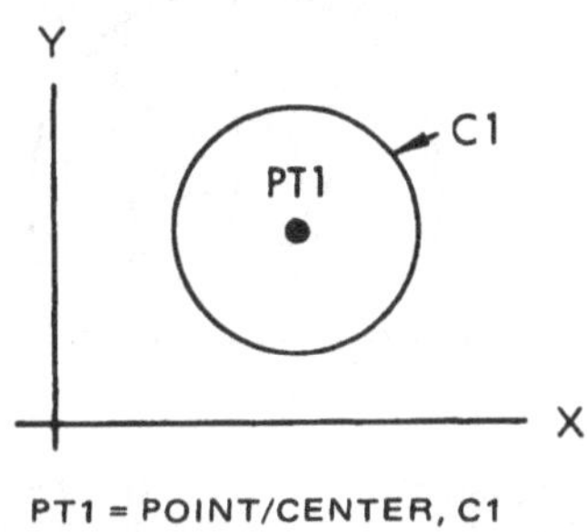

Abb. 16. Punktdefinition als Mittelpunkt eines Kreises nach [2]

Die zweite Punktdefinition am Kreis gestattet die Errechnung eines Punktes auf der Peripherie des Kreises durch Angabe eines Winkelwertes, der durch die Vokabel ATANGL als Abkürzung des

Englischen „at angle“ (unter dem Winkel) in der folgenden Form gekennzeichnet wird:

sp = POINT/ sk, ATANGL, w

Hierbei wird, wie man aus den in Abbildung 17 dargestellten Beispielen entnehmen kann, die Vorstellung eines Schnittstrahles aus dem Kreismittelpunkt unter dem angegebenen Winkel zugrundegelegt, so daß die vorher beschriebene Doppeldeutigkeit bei der allgemeinen Schnittpunktsdefinition Gerade–Kreis aufgrund der zwei Schnittpunkte hier nicht auftritt. Dagegen kann aber, wie auch in Abbildung 17 gezeigt, ein und derselbe Punkt sowohl durch positive als auch durch negative Winkelwerte beschrieben werden, oder genauer: durch Addition bzw. Subtraktion von Vielfachen des Vollkreises von 360° zum Winkelwert findet, keine Veränderung des definierten Punktes statt.

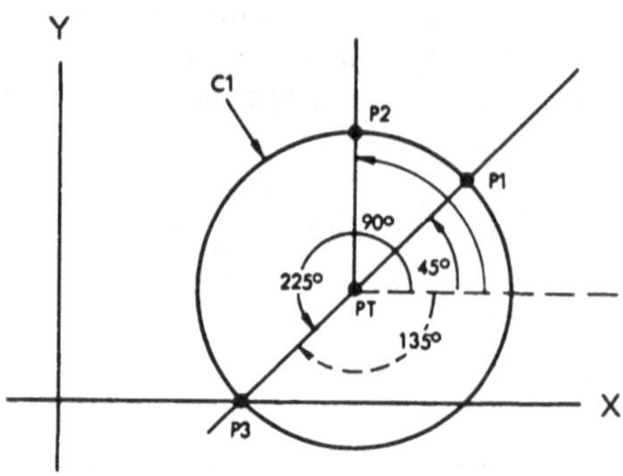

P1 = POINT/C1, ATANGL, 45.0		P1 = POINT/C1, ATANGL, -315
P2 = POINT/C1, ATANGL, 90	oder	P2 = POINT/C1, ATANGL, -270
P3 = POINT/C1, ATANGL, 225		P3 = POINT/C1, ATANGL, -135

Abb. 17. Punktdefinition am Kreis unter einem Winkel nach [2]

Die bezugnehmenden Geradendefinitionen lassen sich in die folgenden drei Gruppen unterteilen:

a) Geradendefinitionen unter Bezug auf Punkte,
b) Geradendefinitionen unter Bezug auf Gerade,
c) Geradendefinitionen unter Bezug auf Kreise.

Diese Einteilung ist allerdings bis zu einem gewissen Grade willkürlich, da auch gemischte Definitionsmöglichkeiten gegeben sind. Geradendefinitionen, die ausschließlich auf Punktangaben basieren, gibt es in zwei Formen. Einmal kann die Angabe von zwei Punkten erfolgen, zum anderen kann ein Punkt der Geraden und eine Winkelrichtung angegeben werden:

```
sl = LINE/ sp1, sp2
sl = LINE/ sp, ATANGL, w
```

Die erste Form, für die Beispiele in Abbildung 18 gezeigt sind, macht die Basisdefinition von Geraden auch mit Hilfe von Punktsymbolen möglich.

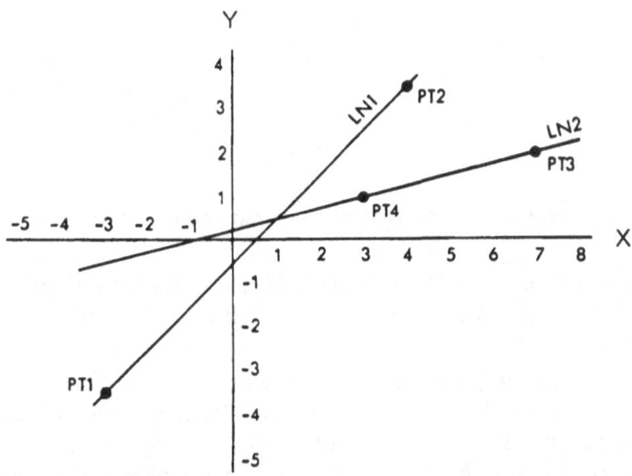


```
                                      PT1 = POINT/-3, -3.5
                                      PT2 = POINT/4, 3.5
LN1 = LINE/-3, -3.5, 4, 3.5           PT3 = POINT7, 2
LN2 = LINE/7, 2, 3, 1          oder   PT4 = POINT/3, 1
                                      LN1 = LINE/PT1, PT2
                                      LN2 = LINE/PT3, PT4
```

Abb. 18. Geradendefinition durch zwei Punkte nach [2]

Diesen Umweg wird man nur dann wählen, wenn nicht alle vier erforderlichen Koordinatenwerte ohne weiteres aus der Zeichnung ersichtlich sind und man z. B. durch Schnittpunktbildung Stützpunkte für die gewünschte Gerade errechnet.

Die zweite Definitionsform ist in Beispielen in Abbildung 19 dargestellt. Im Gegensatz zu der zuvor beschriebenen Punktdefinition am Kreis, bei der die Vokabel ATANGL eine Strahlrichtung implizierte, hat die so definierte Gerade (wie auch alle anders definierten) weder einen Richtungssinn noch eine Begrenzung der Ausdehnung.

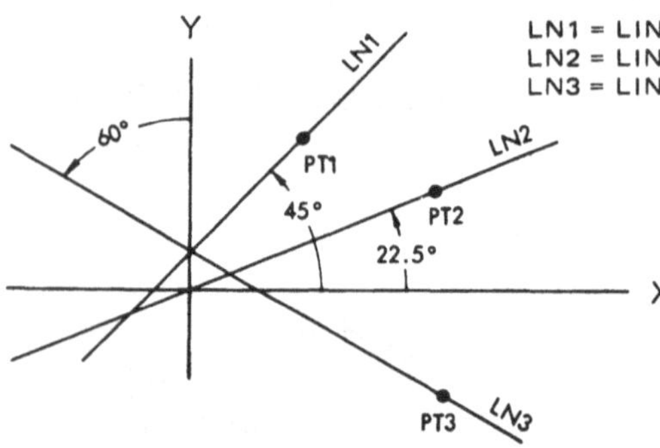

LN1 = LINE/PT1, ATANGL, 45
LN2 = LINE/PT2, ATANGL, 22.5
LN3 = LINE/PT3, ATANGL, 150

Abb. 19. Geradendefinition durch Punkt und Richtung nach [2]

So könnte man z. B. die Gerade LN1 aus Abbildung 19 genausogut durch die Anweisung LN1 = LINE/PT1, ATANGL, -135 definieren.

Eine Erweiterung des vorstehend beschriebenen Definitionsformat ergibt sich, wenn man die Winkelangabe nicht, wie allgemein üblich, auf die Richtung der positiven x-Achse bezieht, sondern den Winkelwert in Relation zu einer bereits definierten Gerade angibt. Dann muß man nur noch das Liniensymbol an die Definition anhängen:

sl1 = LINE/sp, ATANGL, w, sl2

Beispiele dieser Beschreibungsform zeigt Abbildung 20.

Die zweite Gruppe von Geradendefinitionen gestattet die Beschreibung von parallelen und senkrechten Geraden zu einer bereits definierten Gerade. Die Definition einer Senkrechten erfordert die Angabe der Geraden, auf der die zu errechnende Gerade senkrecht steht, sowie einen Punkt der gewünschten Geraden. Die Bedingung des Senkrechtstehen wird durch die Vokabel PERPTO gefordert, was eine Abkürzung des englischen „perpendicular to" (senkrecht auf) ist, so daß die Anweisung folgendermaßen lautet:

sl1 = LINE/sp, PERPTO, sl2

Ein Beispiel der Beschreibung einer senkrechten Geraden zeigt Abbildung 21.

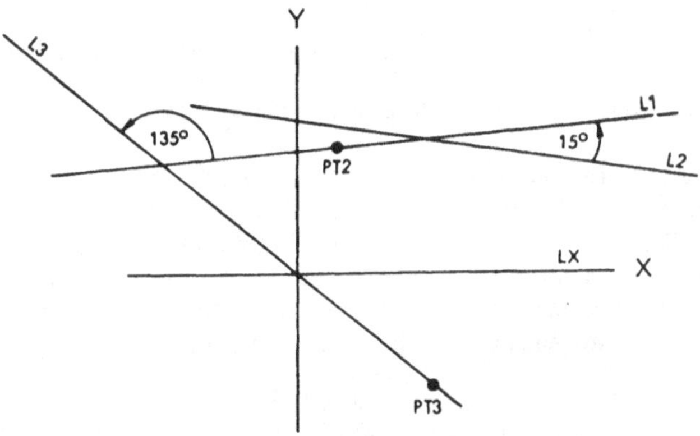

L1 = LINE/PT2, ATANGL, 15, L2
L3 = LINE/PT3, ATANGL, 135, L1

Abb. 20. Geradendefinition durch Punkt und Richtung gegen eine Gerade nach [2]

Für die Beschreibung von Parallelen gibt es zwei Formen. Beiden gemeinsam ist die Vokabel PARLEL, als Abkürzung des englisch und deutsch gleich geschriebenen parallel, um die Parallelitätsbedingung anzuzeigen. Die erste Form ist in den restlichen Elementen identisch mit der Anweisung zur Beschreibung senkrechter Geraden und lautet daher: sl = LINE/sp, PARLEL, sl2

Ein entsprechendes Beispiel zeigt Abbildung 22.

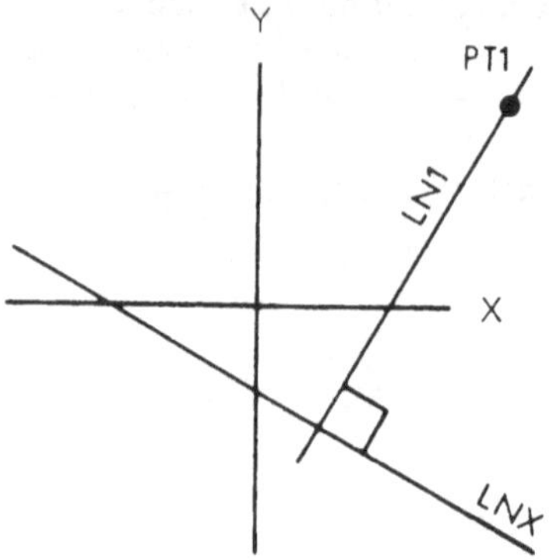

Abb. 21. Geradendefinition als Senkrechte auf einer Geraden nach [2]

Die zweite Form der Definition paralleler Geraden erfordert die Angabe des Abstandes zwischen den beiden Geraden. Da die Parallele in gegebenem Abstand noch in zwei verschiedenen Richtungen liegen kann, werden hier wieder die Richtungsselektoren zur eindeutigen Festlegung der gewünschten Gerade benutzt. Die Anweisung hat daher folgendes Format:

$$sl1 = LINE/PARLEL, sl2, \begin{matrix} XLARGE \\ XSMALL \\ YLARGE \\ YSMALL \end{matrix}, a$$

Beispiele für diese Form der Geradendefinition sind in Abbildung 23 gezeigt.

Die dritte Gruppe der Geradendefinitionen beinhaltet die Verwendung von bereits definierten Kreisen. Die Bedingung unter der die gesuchte Gerade und der gegebene Kreis zueinander stehen ist das Tangieren. Dies wird ausgedrückt mit der Vokabel TANTO, das als Abkürzung vom englischen „tangent to“ (tan-

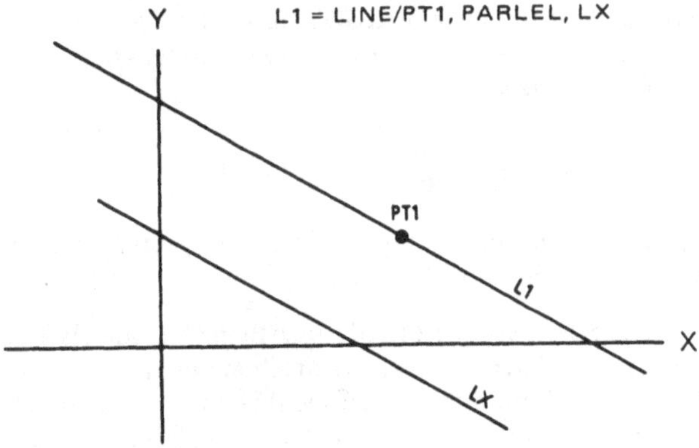

Abb. 22. Geradendefinition als Parallele durch einen Punkt nach [2]

gieren an) abgeleitet ist. Die erste der beiden Definitionsformen legt die Tangente von einem Punkt an den Kreis. Hierbei sind, da der Punkt außerhalb des Kreises liegen muß, zwei Geraden möglich. Die Auswahl der gesuchten Geraden erfolgt hier unter Bezug auf die Blickrichtung vom Linienpunkt zum Kreismittel-

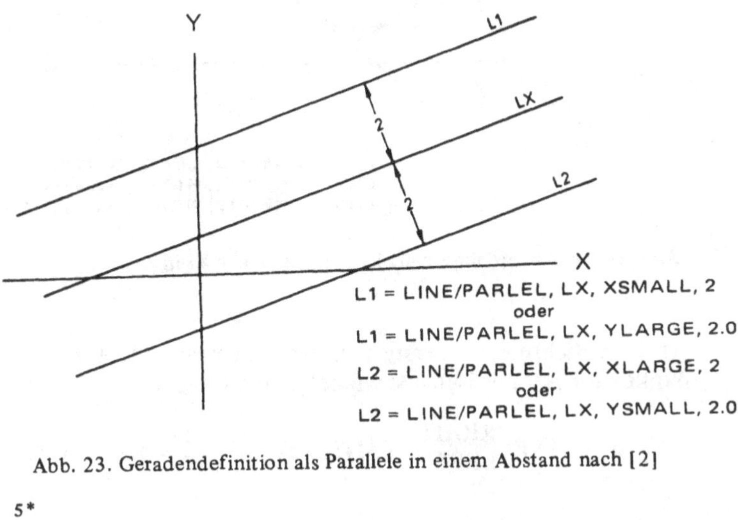

Abb. 23. Geradendefinition als Parallele in einem Abstand nach [2]

punkt durch die Vokabeln RIGHT bzw. LEFT als Abweichung nach rechts oder links von dieser Blickrichtung. Die Anweisung wird folgendermaßen geschrieben:

$$\text{sl} = \text{LINE/sp,} \begin{matrix}\text{RIGHT}\\ \text{LEFT}\end{matrix}\text{, TANTO, sk}$$

Beispiele und die Andeutung der Festlegung von rechts und links sind in Abbildung 24 enthalten.

Die zweite Beschreibungform definiert eine Gerade als Tangente an zwei Kreise. Hierbei wird, entsprechend dem vorher Gesagten, zweimal mit dem Begriff rechts bzw. links operiert, wobei die Bezugsrichtung, wie auch aus Abbildung 25 hervor-

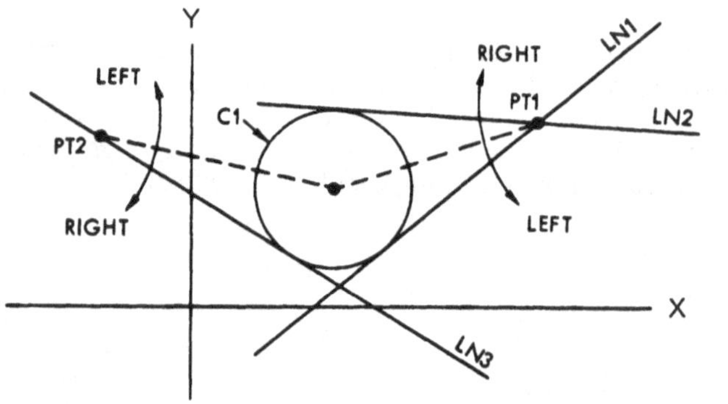

LN1 = LINE/PT1, LEFT, TANTO, C1
LN2 = LINE/PT1, RIGHT, TANTO, C1
LN3 = LINE/PT2, RIGHT, TANTO, C1

Abb. 24. Geradendefinition als Tangente an einen Kreis nach [2]

geht, die Richtung vom erstgenannten zum zweiten Kreismittelpunkt ist. Die Anweisung ist wie folgt zu schreiben:

$$\text{sl} = \text{LINE/} \begin{matrix}\text{RIGHT}\\ \text{LEFT}\end{matrix}\text{, TANTO, sk1,} \begin{matrix}\text{RIGHT}\\ \text{LEFT}\end{matrix}\text{, TANTO, sk2}$$

Auch die bezugnehmenden Kreisdefinitionen lassen sich entsprechend der Bestimmungsparameter in die drei Gruppen

a) Kreisdefinition unter bezug auf Punkte
b) Kreisdefinition unter bezug auf Linien
c) Kreisdefinition unter bezug auf Kreise

unterteilen.

Die Definitionsformen, in denen nur Punkte als Bestimmungsstücke des Kreises auftauchen, sind wiederum eng verwandt mit der Basisdefinition, bei der Mittelpunktskoordinaten und der Radius angegeben wurden. Allerdings kann man den Radiuswert auch errechnen lassen, indem man den Kreismittelpunkt und einen Punkt auf der Peripherie angibt. In beiden Fällen wird die schon bekannte Vokabel CENTER verwendet, um den Kreismittelpunkt zu kennzeichnen. Die Abbildungen 26 und 27 zeigen je ein Beispiel für diese Definitionsformen.

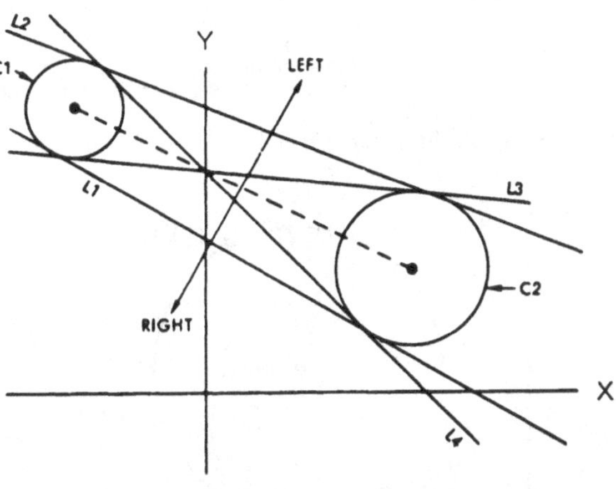

L1 = LINE/RIGHT, TANTO, C1, RIGHT, TANTO, C2
L2 = LINE/LEFT, TANTO, C1, LEFT, TANTO, C2
L3 = LINE/RIGHT, TANTO, C1, LEFT, TANTO, C2
L4 = LINE/LEFT, TANTO, C1, RIGHT, TANTO, C2

Abb. 25. Geradendefinition als Tangente an zwei Kreise nach [2]

In Abbildung 26 ist zusätzlich noch einmal die Basisdefinition wiederholt. Die allgemeine Form der Anweisungen lautet:

sk = CIRCLE/CENTER, sp, RADIUS, r
sk = CIRCLE/CENTER, sp1, sp2

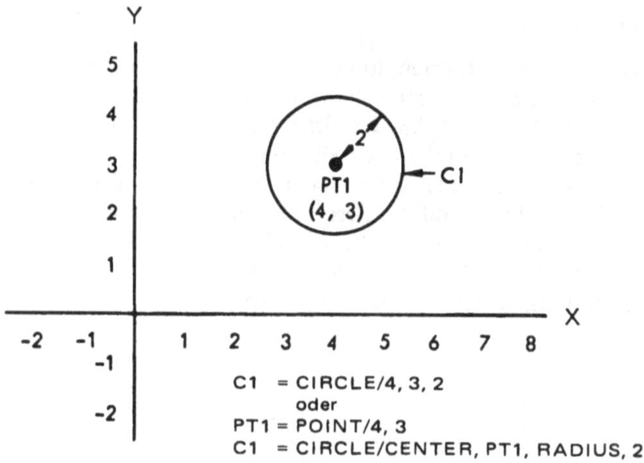

Abb. 26. Kreisdefinition durch Mittelpunkt und Radius nach [2]

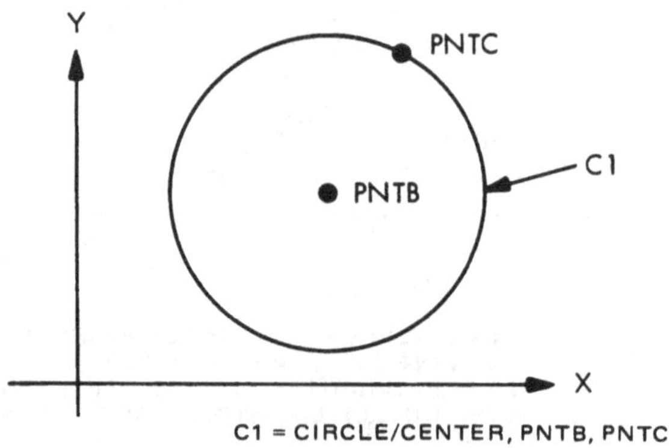

Abb. 27. Kreisdefinition durch Mittelpunkt und Umfangspunkt nach [2]

Eine dritte Form der Kreisdefinition durch Punkte ist die Angabe von drei Punkten der Kreisperipherie. Hier erfolgt die Nennung der drei Punktsymbole ohne erläuternde Vokabeln in folgender Weise:

sk = CIRCLE/ sp1, sp2, sp3

Ein Beispiel dieser Kreisdefinition zeigt Abbildung 28.

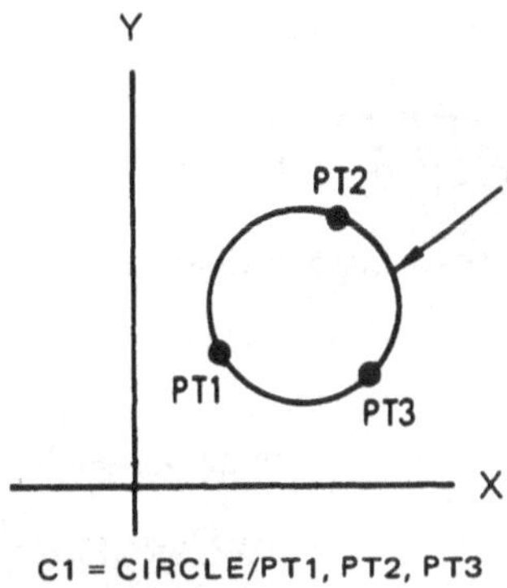

Abb. 28. Kreisdefinition durch drei Umfangspunkte nach [2]

Kreisdefinitionen, die Geraden als Bestimmungsparameter benutzen, beruhen immer auf der Tangentenbedingung, was wiederum durch die Vokabel TANTO ausgedrückt wird. Ist außer dieser tangierenden Linie der Mittelpunkt gegeben, so lautet die Definition:

sk = CIRCLE/CENTER, sp, TANTO, sl

Ein Beispiel dieser Beschreibungsform eines Kreises ist in Abbildung 29 dargestellt.

Wird neben der Kreistangente ein Punkt der Peripherie angegeben, so ist im allgemeinen eine Auswahl unter zwei möglichen Kreisen erforderlich, wie auch Abbildung 30 zeigt. Die Auswahl wird hier wieder mit Hilfe der bereits bekannten Lageselektoren, und zwar bezogen auf die Lage des Mittel-

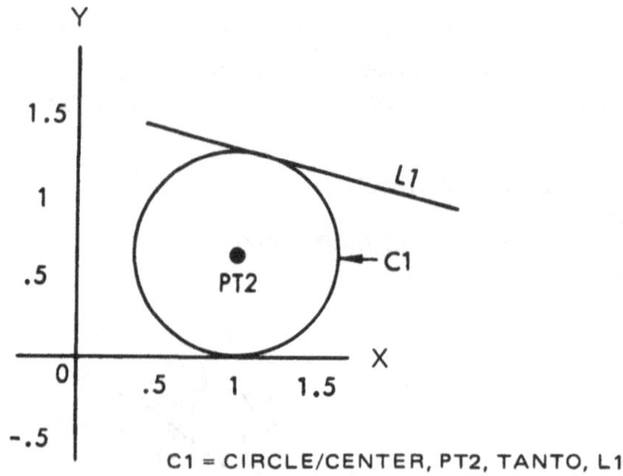

Abb. 29. Kreisdefinition durch Mittelpunkt und tangierende Gerade nach [2]

punktes des gesuchten Kreises, in der folgenden Form beschrieben:

$$\text{sk} = \text{CIRCLE/TANTO, sl,} \begin{matrix}\text{XLARGE}\\ \text{XSMALL}\\ \text{YLARGE}\\ \text{YSMALL}\end{matrix}\text{, sp, RADIUS, r}$$

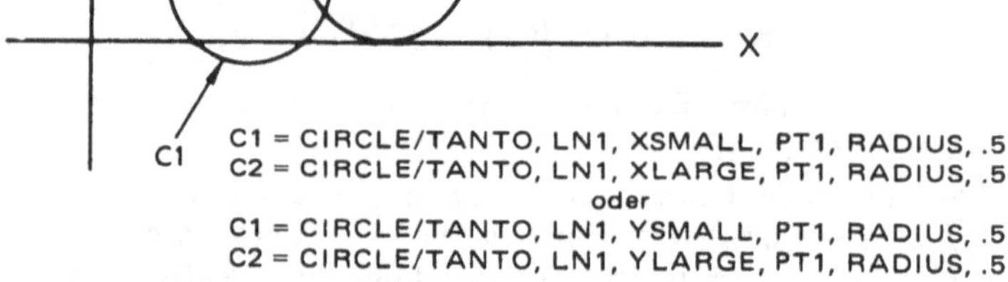

Abb. 30. Kreisdefinition durch Umfangspunkt, tangierende Gerade und Radius nach [2]

Die dritte Kreisdefinition mittels Tangenten wird sehr häufig benötigt, da sie das Problem der Beschreibung von Kantenverrundungen löst. Es handelt sich also um die Beschreibung eines Kreises, der zwei Geraden tangiert. Da am Schnittpunkt zweier Geraden insgesamt vier verschieden gelegene Kreise eines Radius möglich sind, müssen die Lageselektoren bezüglich jeder Linie angegeben werden, wobei man Abbildung 31 entnehmen kann, daß die Lage des Kreismittelpunktes bezüglich der jeweiligen Geraden zu programmieren ist. Somit ergibt sich folgende allgemeine Form:

$$\text{sk} = \text{CIRCLE}/\begin{matrix}\text{XLARGE}\\ \text{XSMALL}\\ \text{YLARGE}\\ \text{YSMALL}\end{matrix}, \text{sl1}, \begin{matrix}\text{XLARGE}\\ \text{XSMALL}\\ \text{YLARGE}\\ \text{YSMALL}\end{matrix}, \text{sl2}, \text{RADIUS}, \text{r}$$

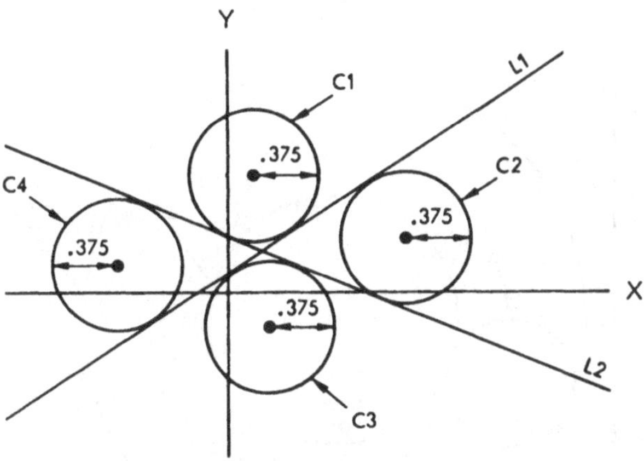

C1 = CIRCLE/YLARGE, L2, YLARGE, L1, RADIUS, .375
C2 = CIRCLE/YSMALL, L1, XLARGE, L2, RADIUS, .375
C3 = CIRCLE/YSMALL, L2, YSMALL, L1, RADIUS, .375
C4 = CIRCLE/SXMALL, L2, YLARGE, L1, RADIUS, .375

oder

C1 = CIRCLE/XLARGE, L2, XSMALL, L1, RADIUS, .375
C2 = CIRCLE/XLARGE, L1, YLARGE, L2, RADIUS, .375
C3 = CIRCLE/XSMALL, L2, XLARGE, L1, RADIUS, .375
C4 = CIRCLE/YSMALL, L2, XSMALL, L1, RADIUS, .375

Abb. 31. Kreisdefinition durch zwei tangierende Geraden und Radius nach [2]

Auch bei den Kreisdefinitionen mit Kreisen als Bestimmungsstücke ist die Tangentialbedingung die bestimmende Verknüpfung. Sie wird allerdings nur in einer Definitionsform durch die Vokabel TANTO angezeigt, weil ohnehin, aufgrund der vielen verschiedenen Lagen der Kreise zueinander, die bekannten Lageselektoren angewendet werden müssen. Die einfachste Definitionsform erfordert neben der Angabe des tangierenden Kreis die Nennung des Kreismittelpunktes in der folgenden Form:

$$\text{sk1} = \text{CIRCLE/CENTER, sp, } \genfrac{}{}{0pt}{}{\text{LARGE}}{\text{SMALL}} \text{, TANTO, sk2}$$

Die beiden Vokabeln LARGE und SMALL vom englischen „large“ und „small“ (groß und klein) gestatten hierbei die

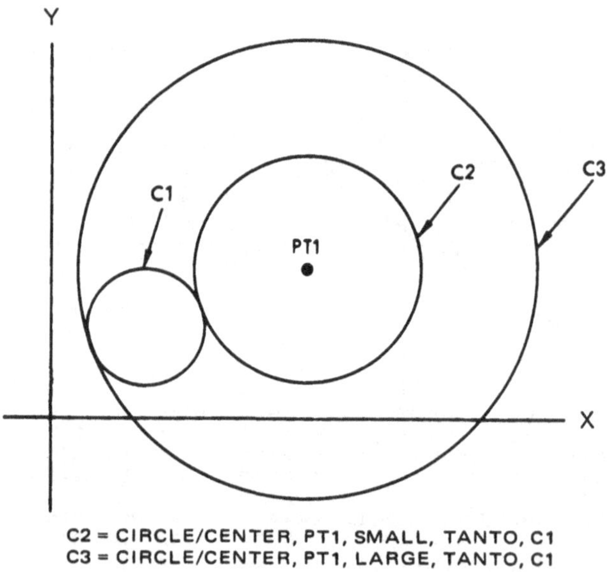

Abb. 32. Kreisdefinition durch Mittelpunkt und tangierenden Kreis nach [2]

Auswahl des gewünschten Kreises aus den beiden möglichen Lösungen durch die Angabe der Radiusgröße. Ein Beispiel hierfür ist in Abbildung 32 dargestellt. Es sei nur nebenbei angemerkt, daß auch für den Fall, daß der Mittelpunkt innerhalb des gegebenen Kreises liegt, zwei Lösungen existieren.

Die zweite Form der Kreisdefinitionen an Kreisen gestattet die Beschreibung eines verrundenden Überganges zwischen Gerade und Kreis, wobei, wie aus Abbildung 33 ersichtlich,

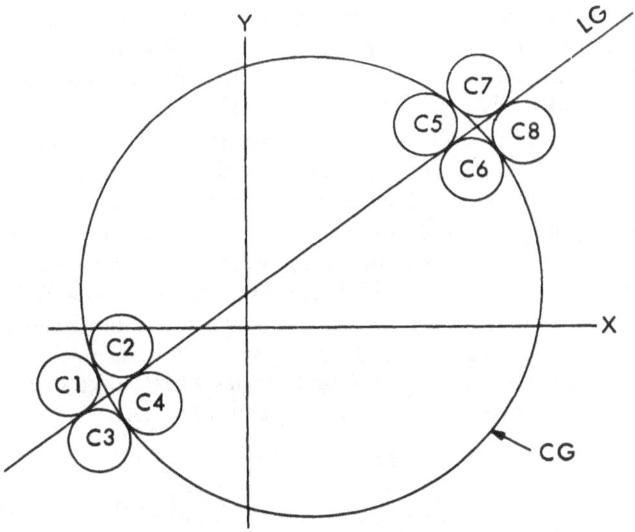


```
C1 = CIRCLE/YLARGE, LG, XSMALL, OUT, CG, RADIUS, 1.
C2 = CIRCLE/YLARGE, LG, XSMALL,  IN, CG, RADIUS, 1.
C3 = CIRCLE/YSMALL, LG, XSMALL, OUT, CG, RADIUS, 1.
C4 = CIRCLE/YSMALL, LG, XSMALL,  IN, CG, RADIUS, 1.
C5 = CIRCLE/YLARGE, LG, XLARGE,  IN, CG, RADIUS, 1.
C6 = CIRCLE/YSMALL, LG, XLARGE,  IN, CG, RADIUS, 1.
C7 = CIRCLE/YLARGE, LG, XLARGE, OUT, CG, RADIUS, 1.
C8 = CIRCLE/YSMALL, LG, XLARGE, OUT, CG, RADIUS, 1.
```

Abb. 33. Kreisdefinition durch Radius, tangierend an Gerade und Kreis nach [2]

insgesamt acht Kreise gleichen Radius möglich sind. Deshalb sind in der Anweisung

$$\text{sk1} = \text{CIRCLE}/\begin{matrix}\text{XLARGE}\\ \text{XSMALL}\\ \text{YLARGE}\\ \text{YSMALL}\end{matrix}, \text{sl}, \begin{matrix}\text{XLARGE}\\ \text{XSMALL}\\ \text{YLARGE}\\ \text{YSMALL}\end{matrix}, \begin{matrix}\text{IN}\\ \text{OUT}\end{matrix}, \text{sk2, RADIUS, r}$$

insgesamt drei Auswahlkriterien anzugeben, die folgendermaßen zu wählen sind:

– der Lageselektor vor dem Geradensymbol sl beschreibt die Lage des gesuchten Kreises sk1 bezüglich der Geraden,
– der Lageselektor vor dem Kreissymbol wählt die Kreislage entsprechend dem gewünschten Schnittpunkt zwischen der Geraden und dem gegebenen Kreis sk2,
– die Vokabeln IN und OUT, vom englischen „in“ und „out“ (innerhalb und außerhalb), beschreiben die Lage des Kreismittelpunktes bezüglich des gegebenen Kreises sk2.

Die Beschreibung eines Kreises, der zwei gegebene Kreise tangiert, erfolgt in ähnlicher Form. Allerdings wird hier zweimal mittels IN oder OUT die Lage des gesuchten Kreises bezüglich der gegebenen beschrieben. Damit verbleiben jeweils nur zwei mögliche Kreise, unter denen der gewünschte über Lageselektoren gewählt wird, die sich auf die Lage des Mittelpunktes beziehen. Diese Anweisung hat somit folgendes Format:

$$\text{sk1} = \text{CIRCLE}/\begin{matrix}\text{XLARGE}\\ \text{XSMALL}\\ \text{YLARGE}\\ \text{YSMALL}\end{matrix}, \begin{matrix}\text{IN}\\ \text{OUT}\end{matrix}, \text{sk1}, \begin{matrix}\text{IN}\\ \text{OUT}\end{matrix}, \text{sk2, RADIUS, r}$$

Beispiele zu dieser Definitionsform zeigt Abbildung 34.

Hiermit soll die Vorstellung von verknüpfenden Definitionen für Punkt, Gerade und Kreis abgeschlossen werden, obwohl – wie eingangs bereits angedeutet – fast jede der hier betrachteten Sprachen der APT-Familie noch einige Definitionsformen beinhaltet, die nicht detailliert beschrieben wurden. Ferner gibt es auch noch verknüpfende Definitionsformen mit geometri-

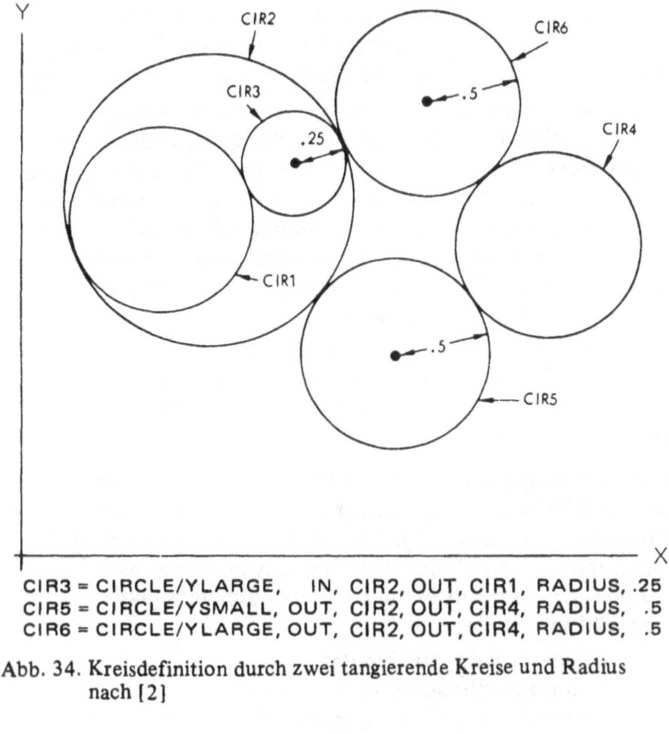


```
CIR3 = CIRCLE/YLARGE,  IN, CIR2, OUT, CIR1, RADIUS, .25
CIR5 = CIRCLE/YSMALL, OUT, CIR2, OUT, CIR4, RADIUS,  .5
CIR6 = CIRCLE/YLARGE, OUT, CIR2, OUT, CIR4, RADIUS,  .5
```

Abb. 34. Kreisdefinition durch zwei tangierende Kreise und Radius nach [2]

schen Elementen, die bisher noch nicht behandelt wurden. Im Sinne einer verständlichen Darstellung wird auf diese Beschreibungsmöglichkeiten erst nach der Erläuterung der entsprechenden Geometrie hingewiesen.

7.1.3. Punktmusterdefinitionen

Die im vorstehenden Abschnitt beschriebenen Anweisungen zur Definition von Punkten, Geraden und Kreisen beweisen – aufgrund der identischen Beschreibungsformate in den verschiedenen Sprachen – indirekt, daß die erste Sprachentwicklung (APT) in diesem Bereich bereits akzeptiert und konsolidiert war, als die anderen (europäischen) Entwicklungen begannen.

Diese Aussage soll nicht den Vorwurf des Plagiats beinhalten, zumal die Übernahme der Beschreibungsformen in gegenseitigem Einverständnis unter dem Aspekt Standardisierung erfolgte.

Dagegen kann man an den Punktmusterdefinitionen genau das Gegenteil ablesen. Bedingt durch die angenäherte Gleichzeitigkeit der Entwicklung an verschiedenen Orten entstanden sowohl unterschiedliche Beschreibungsformen für gleichartige Geometrie als auch Beschreibungsformen, die bewußt formatgleich gehalten wurden, aber mit unterschiedlichen Bedeutungen belegt wurden. Es ist müßig, darüber zu streiten, welche der beiden Formen der Abweichung die schlimmere ist, da dies wesentlich von der Betrachtungsweise abhängt. Man kann lediglich hoffen, daß die internationalen Normungsbemühungen helfen werden, die divergierenden Entwicklungen abzubauen.

Die Punktmusterdefinitionen werden daher entsprechend ihres Beschreibungsinhaltes, oder wenn man so will, der „Punktmustersemantik", gruppiert und die verschiedenen zugehörigen Beschreibungsformen erläutert. Die große Gruppierung unterteilt in die folgenden drei verschiedenen Beschreibungsinhalte:

a) Punktmuster auf Geraden
b) Punktmuster auf Kreisen
c) zusammengesetzte Punktmuster.

Punktmuster auf Geraden können entweder durch die Vorgabe von Anfangs- und Endpunkt sowie der Punktzahl erfolgen oder durch die Angabe von Startpunkt und -richtung sowie die Abstände der einzelnen Punkte zueinander. Die erstgenannte Beschreibungsform hat auch in allen Sprachen die folgende gleichlautende Darstellungsform:

```
spm = PATERN/LINEAR, sp1, sp2, n
```

wobei sp1 und sp2 Start- und Endpunkt des Punktmusters sind (die Reihenfolge bestimmt die Zählrichtung der Punktfolge) und n die Anzahl der Punkte im Muster (einschließlich von Start- und Endpunkt).

Allerdings werden die Angaben dieser Anweisung unterschiedlich interpretiert bzw. verarbeitet. Zwar gelten die Angaben in Abbildung 35 gleichermaßen für alle zu betrachtenden Sprachen,

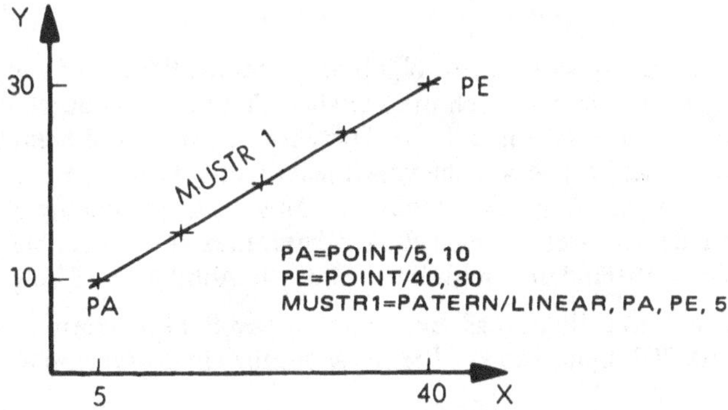

Abb. 35. Punktmusterdefinition durch zwei Punkte und Anzahl nach [5]

dies jedoch nur deshalb, weil die differierenden Interpretationen lediglich die Z-Koordinaten des Punktmusters betreffen, was in Abbildung 35 nicht dargestellt ist. Die Unterschiede sind folgende:

- in APT (als voll dreidimensionale Sprache) werden die Z-Koordinaten aus der Eingabe hergeleitet, so daß bei Programmierung von Anfangs- und Endpunkt mit unterschiedlicher Z-Höhe eine Punktfolge entsteht, die schräg im Raum verläuft.
- in EXAPT (als mehr zweidimensional orientierter Sprache) werden die Z-Koordinaten der Punktmuster grundsätzlich aus der momentan gültigen ZSURF-Angabe gewonnen.
- in 2CL werden (eine recht interessante Variante) die Z-Höhen erst während des Aufrufes des Punktmusters zur Bearbeitung festgelegt, so daß die Definitionen selbst rein zweidimensional sind.

Die Beschreibung von Punktmustern durch Angabe von Startpunkt und -richtung sowie der Punktabstände erfolgt in EXAPT durch die folgende Anweisung:

spm = PATERN/LINEAR, sp, ATANGL, w, INCR, n_1, AT, a_1, . . ., n_n, AT, a_n

Die Richtungsangabe erfolgt hier durch den Winkelwert w (gekennzeichnet durch die Vokabel ATANGL), wodurch diese Beschreibungsform auf zwei Dimensionen von vornherein beschränkt ist. Die Angabe von Anzahl n und Abstand a der aufeinanderfolgenden Punkte des Musters kann beliebig oft wiederholt werden, so daß auch Punktmuster mit variablen Punktabständen beschreibbar sind, wie Abbildung 36 zeigt.

Die Punkt- Richtungs- Beschreibung von Punktmustern in APT und 2CL benutzen zur Richtungsangabe ein geometrisches

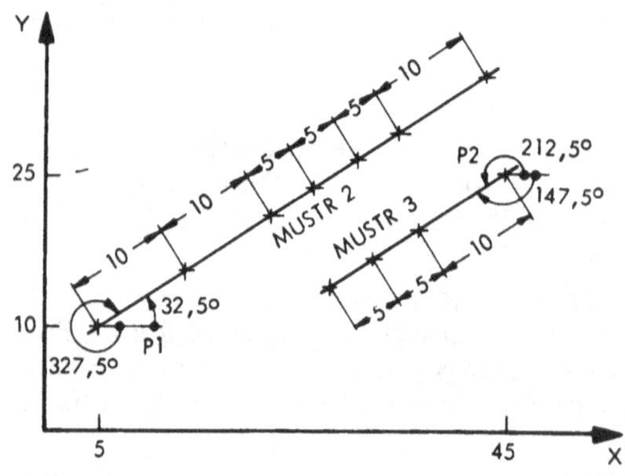


```
P1 = POINT/5, 10
MUSTR2=PATERN/LINEAR, P1, ATANGL, 32.5, INCR, 2, AT, 10, 3,
          AT, 5, 1, AT, 10
P2 = POINT/45, 25
MUSTR3=PATERN/LINEAR, P2, ATANGL, -147.5, INCR, 1, AT,
          10, 2, AT, 5
```

Abb. 36. Punktmusterdefinition durch Punkt, Richtung und Inkremente nach [5]

Element, das bisher noch nicht beschrieben wurde: den Vektor. Vektoren werden genauso wie Punkte, Gerade und Kreise mit einem symbolischen Namen belegt, und durch das Vokabel-Hauptwort VECTOR (von der englischen Schreibweise „vector") als gerichtete Größe gekennzeichnet. Eine mögliche Definition ist z. B. die Angabe der Komponenten des Vektors im karthesischen Koordinatensystem:

```
sv = VECTOR/x, y, z
```

Da der Vektor einen Betrag und eine Richtung beinhaltet, kann man ein Punktmuster auf einer Geraden auch durch Angabe von Startpunkt, Inkrement nach Größe und Richtung durch den Vektor und die Punktzahl beschreiben:

```
spm = PATERN/LINEAR, sp, sv, n
```

So ließe sich das in Abbildung 35 gezeigte Beispiel mit dieser Anweisung folgendermaßen beschreiben:

```
V1 = VECTOR/((40-5)/4), (30-10)/4), 0
MUSTR1 = PATERN/LINEAR, PA, V1, 5
```

wobei die x- und y- Komponenten des Vektors durch arithmetische Ausdrücke errechnet werden.

Bei der Beschreibung von Punktmustern mit variierenden Abständen können in APT und 2CL zwei verschiedene Beschreibungsformen verwendet werden. Die erste Anweisungsart gestattet, ähnlich wie die entsprechende EXAPT-Anweisung, die Angabe von Inkrementanzahl und -größe:

spm = PATERN/LINEAR, sp, sv, INCR, n_1, AT,
$a_1, \ldots, n_n$, AT, a_n

Bei dieser Definitionsform wird von dem Vektor allerdings nur die Richtung nicht aber die Größe für die Punktmusterdefinition ausgewertet. Das Punktmuster in Abbildung 36 könnte hiermit wie folgt beschrieben werden:

```
V1 = VECTOR/(COS(32.5)), (SIN(32.5)), 0
MUSTR2 = PATERN/LINEAR, P1, V1, INCR, 2, AT,
              10, 3, AT, 5, 1, AT, 10
```

wobei die Vektorendefinition diesmal unter Verwendung der Funktionen sin und cos erfolgt.

Die alternative Punktmusterdefinition erfordert das Aufreihen der einzelnen Inkremente von Punkt zu Punkt, auch wenn mehrfach der gleiche Abstand gegeben ist:

spm = PATERN/LINEAR, sp, sv, INCR, $a_1, \ldots, a_n$

Mit dieser Definitionsform, unter bezug auf die vorstehende Vektordefinition, könnte das Punktmuster in Abbildung 36 beschrieben werden:

```
MUSTR2 = PATERN/LINEAR, P1, V1, INCR,
              10, 10, 5, 5, 5, 10
```

Ferner hat man diese beiden nur geringfügig voneinander abweichenden Anweisungsformen miteinander verschmolzen, so daß wahlweise ein einzelner Inkrementabstand durch seine Länge a_i; oder eine Reihe gleichartiger Abstände durch die Sequenz n_i, AT, a_i angegeben werden können:

spm = PATERN/LINEAR, Sp, Sv,

$$\text{INCR}, \begin{matrix} a_1 \\ n_1, \text{AT}, a_1 \end{matrix}, \ldots, \begin{matrix} a_n \\ n_n, \text{AT}, a_n \end{matrix}$$

In dieser Beschreibungsform ließe sich das Punktmuster in Abbildung 36 durch diese Anweisung:

```
MUSTR2 = PATERN/LINEAR, P1, V1, INCR, 2, AT,
              10, 3, AT, 5, 10
```

aber z. B. auch durch diese Definition beschreiben:

```
MUSTR2 = PATERN/LINEAR, P1, V1, INCR, 10, 10,
              3, AT, 5, 10
```

Für Punktmuster auf Kreisen können die Bestimmungsparameter drei verschiedene Formen haben. Es können Punkte gleichverteilt auf dem Vollkreis angeordnet werden, desgleichen kann die Gleichverteilung von Punkten auf einem Kreissektor angegeben werden, und auch varierende Abstände durch Inkrementbeschreibung sind möglich. Allen Beschreibungsformen ist gemeinsam, daß die Definitionsform durch die Vokabel ARC vom Englischen „arc" (Bogen) gekennzeichnet wird.

Die einfachste Form der Kreismusterbeschreibung, die eine Anzahl von Punkten in gleichen Abständen auf dem vollen Kreisumfang verteilt, findet man in EXAPT und 2CL. Neben dem Kreissymbol ist die Angabe des Startwinkels und des Umlaufsinnes erforderlich, um die Lage und Zählrichtung des Punktmusters eindeutig festzulegen. Für die Beschreibung der Umlaufrichtung werden die Vokabeln CLW und CCLW als Abkürzung des Englischen „clockwise" und „counterclockwise" (Uhrzeigersinn und gegen Uhrzeigersinn) verwendet:

$$\text{spm} = \text{PATERN/ARC, sk, w,} \begin{matrix}\text{CLW}\\ \text{CCLW}\end{matrix}, \text{n}$$

Ein Beispiel dieser Beschreibungsform zeigt Abbildung 37.

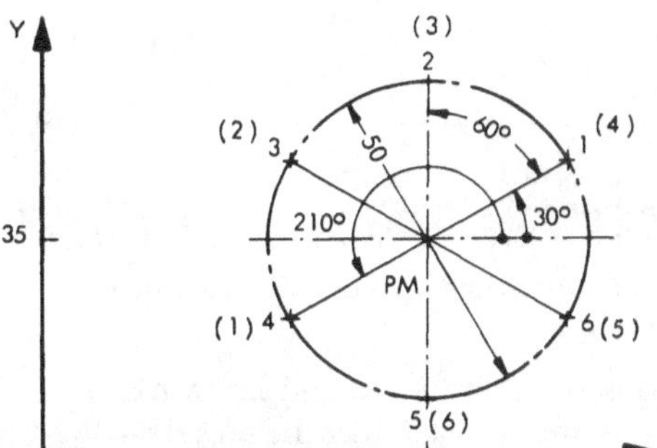

KREIS=CIRCLE/60, 35, 25
TEILK1=PATERN/ARC, KREIS, 30, CCLW, 6
TEILK2=PATERN/ARC, KREIS, 210, CLW, 6

Abb. 37. Punktmusterdefinition durch Kreis und Anzahl nach [5]

Die Darstellung zeigt einen Kreis, auf dem die gleichen Punkte mit zwei verschiedenen Nummerierungen belegt sind. Dabei gilt die in Klammern angegebene Nummerierung für das Punktmuster TEILK2.

Die zweite Form der Kreismusterdefinition, die als einzige allen Sprachen gemeinsam ist, beschreibt gleichverteilte Punkte auf einem Kreissektor. Zusätzlich zu den Angaben der vorhergehenden Anweisung muß noch ein weiterer Winkelwert, der den Kreissektor begrenzt, angegeben werden:

$$\text{spm} = \text{PATERN/ARC, sk, w1, w2, } \genfrac{}{}{0pt}{}{\text{CLW}}{\text{CCLW}}\text{, n}$$

Ein Beispiel für diese Art der Punktmuster auf Kreisbögen zeigt Abbildung 38.

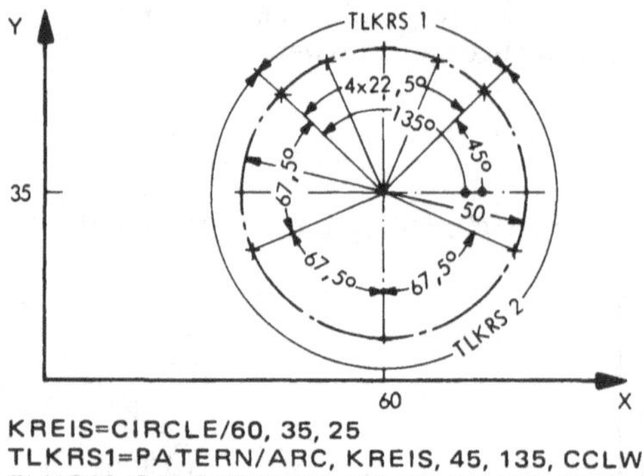

KREIS=CIRCLE/60, 35, 25
TLKRS1=PATERN/ARC, KREIS, 45, 135, CCLW, 5
TLKRS2=PATERN/ARC, KREIS, 45, 135, CLW, 5

Abb. 38. Punktmusterdefinition durch Kreisausschnitt und Anzahl nach [5]

Durch Vertauschung von Start- und Endwinkel und Umkehr des Richtungssinnes ist auch hier die umgekehrte Nummerierung der selben Punktfolge erreichbar. So könnte z. B. das Muster TLKRS1 durch die folgende Anweisung in der Zählfolge umgekehrt werden:

TK1A = PATERN/ARC, KREIS, 135, 45, CLW, 5

Bei den Punktmusterbeschreibungen auf Kreisen mit Angabe der Winkelinkremente bestehen zwischen den einzelnen Sprachen der APT-Familie die gleichen formalen Beschreibungsdifferenzen, wie sie schon für die entsprechende Definitionsform für lineare Punktmuster erläutert wurden. Die allgemeinen Formen dieser Beschreibungsart lauten daher in EXAPT:

$$\text{spm} = \text{PATERN/ARC, sk, w, } \genfrac{}{}{0pt}{}{\text{CLW}}{\text{CCLW}}\text{, INCR,}$$

$$n_1, \text{AT}, dw_1, \ldots, n_n, \text{AT}, dw_n$$

in APT und 2CL sind folgende Formen möglich:

$$\text{spm} = \text{PATERN/ARC, sk, w, } \genfrac{}{}{0pt}{}{\text{CLW}}{\text{CCLW}}\text{, INCR,}$$

$$n_1, \text{AT}, dw_1, \ldots, n_n, \text{AT}, dw_n$$

$$\text{spm} = \text{PATERN/ARC, sk, w, } \genfrac{}{}{0pt}{}{\text{CLW}}{\text{CCLW}}\text{, INCR, dw1, . . ., dwn}$$

Ferner ist wiederum die Kombination der beiden Formen möglich:

$$\text{spm} = \text{PATERN/ARC, sk, w, } \genfrac{}{}{0pt}{}{\text{CLW}}{\text{CCLW}}\text{, INCR,}$$

$$\overset{dw_1}{n_1}, \text{AT}, dw_1, \ldots, n_n, \overset{dw_n}{\text{AT}}, dw_n$$

Ein Beispiel dieser Definitionsart mit der Beschreibung in Form der EXAPT-Anweisung zeigt Abbildung 39.

Übersetzt in die anderen Beschreibungsformen würden diese Punktmuster wie folgt beschrieben werden:

TLKRS1=PATERN/ARC, KREIS, 45, CCLW, INCR,
1, AT, 45, 2, AT, 22.5

TLKRS2=PATERN/ARC, KREIS, 45, CLW, INCR,
1, AT, 45, 2, AT, 22.5

oder

TLKRS1=PATERN/ARC, KREIS, 45, CCLW, INCR
45, 22.5, 22.5
TLKRS2=PATERN/ARC, KREIS, 45, CLW, INCR,
45, 22.5, 22.5

Ferner könnte man außerdem z. B. folgendermaßen beschreiben:

TLKRS1=PATERN/ARC, KREIS, 45, CCLW, INCR,
45, 2, AT, 22.5
TLKRS2=PATERN/ARC, KREIS, 45, CLW, INCR,
45, 2, AT, 22.5

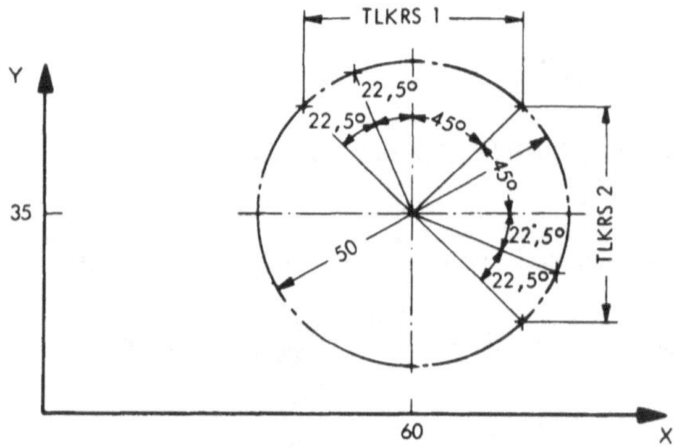

KREIS=CIRCLE/60, 35, 25
TLKRS1=PATERN/ARC, KREIS, 45, CCLW, INCR, 1, AT, 45, 2, AT, 22.5
TLKRS2=PATERN/ARC, KREIS, 45, CLW, INCR, 1, AT, 45, 2, AT, 22.5

Abb. 39. Punktmusterdefinition durch Kreis, Anfangswinkel und Inkremente nach [5]

Zusammengesetzte Punktmuster wurden durch einzelne Anweisungen beschreibbar gemacht, weil häufig Lochbearbeitungen, für die die Punktmusterdefinitionen erforderlich sind, an matrix- oder gitterförmigen Punktmustern auszuführen sind. Deshalb verwenden die entsprechenden APT- und 2CL-Anweisungen als kennzeichnende Vokabel das Wort PARLEL, was hier als Abkürzung des Englischen „parallelogram“ (Parallelogramm) steht, um das Bildungsgesetz des Punktmusters anzudeuten. Dementsprechend gelten auch Beschränkungen bezüglich der für das Punkte-Parallelogramm aufzurufenden Ursprungsmuster auf lineare Formen. Die einfachste Definitionsform für diese Punktnetze ist der Aufruf zweier zuvor definierter Punktmuster:

spm1 = PATERN/PARLEL, spm2, spm3

wobei das Bildungsgesetz so festgelegt ist, daß das an letzter Stelle genannte lineare Muster spm3 so verschoben wird, daß sein Anfangspunkt in den Anfangspunkt des erstgenannten (linearen) Musters spm2 fällt. So verschoben spannen die Muster ein Gitter von Parallelogrammen auf, dessen Kreuzungspunkte Punkte des definierten Musters spm1 sind. Die Nummerierung des resultierenden Punktmusters verläuft, wie in Abbildung 40 dargestellt, im Zickzack, um den gesamten Verfahrweg über das Muster klein zu halten.

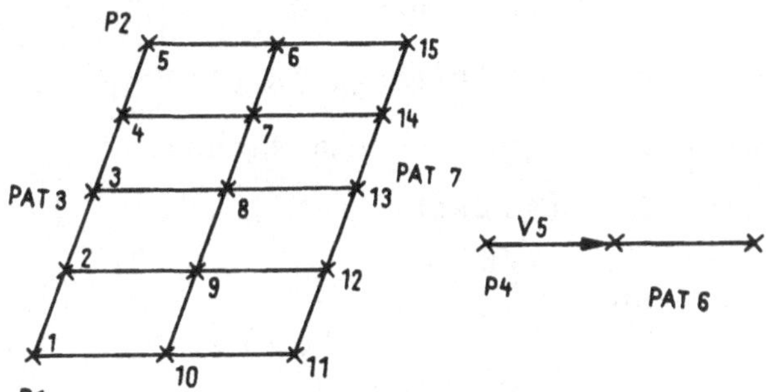

PAT 3 = PATERN/LINEAR, P1, P2, 5
PAT 6 = PATERN/LINEAR, P4, V5, 3
PAT 7 = PATERN/PARLEL, PAT3, PAT6

Abb. 40. Punktmusterdefinition durch zwei Punktmuster nach [13]

Die zweite Form der Gittermusterbeschreibungen in APT und 2CL bestimmt das Muster in Form eines linearen Ausgangsmusters spm2, das um einen Vektor sv versetzt in insgesamt n Zeilen angeordnet wird:

spm1 = PATERN/PARLEL, spm2, sv, n

Das Beispiel in Abbildung 40 ließe sich mit dieser Beschreibungsart sogar einfacher programmieren, da PAT6 durch Vektorangabe definiert wird, so daß die Definition von PAT6 entfallen könnte mit:

PAT7 = PATERN/PARLEL, PAT3, $\vec{V}5$, 3

wobei, wie bei der entsprechenden Beschreibungsform linearer Punktmuster, der Vektor V5 sowohl Richtung als auch Länge des Zeilenversatzes liefert.

Die dritte Form der Gittermusterbeschreibungen in APT und 2CL gestattet die direkte Beschreibung variierender Zeilenabstände in Analogie zur Linienmusterbeschreibung. So sind auch hier die beiden reinen Formen der Inkrementbeschreibung:

spm1 = PATERN/PARLEL, spm2, sv, INCR,
n_1, AT, a_1, . . ., n_n, AT, a_n

und

spm1 = PATERN/PARLEL, spm2, sv, INCR, a_1, . . ., a_n

sowie die aus beiden zusammengesetzte Mischform möglich:

spm1 = PATERN/PARLEL, spm2, sv,

$$\text{INCR}, \begin{matrix} a_1 \\ n_1, \text{AT}, a_1 \end{matrix}, \ldots, \begin{matrix} a_n \\ n_n, \text{AT}, a_n \end{matrix}$$

Ein entsprechendes Beispiel zeigt Abbildung 41.

Die verknüpfenden Punktmusterbeschreibungen in EXAPT verallgemeinern das bisher beschriebene Prinzip der Parallelogrammmuster insofern, als zur Verknüpfung beliebige Punktmuster herangezogen werden können. Somit entfällt die Beschränkung auf zwei lineare Muster zur Erzeugung des Punktrasters, wodurch einerseits die mögliche Mustervielfalt stark erwei-

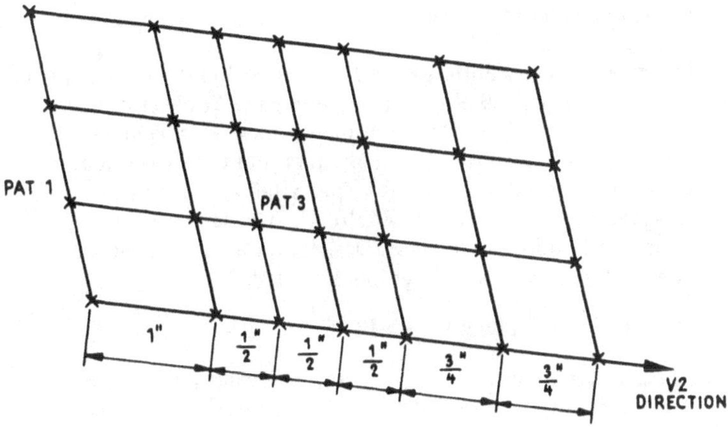

PAT 3 = PATERN/PARLEL, PAt1, V2, INCR, 1.0, 3, AT, 0.5, 2, AT, 0.75

Abb. 41. Punktmusterdefinition durch Punktmuster, Vektor und Inkremente nach [13]

tert wird; andererseits aber ist die Gefahr gegeben, daß die Auswirkung der Beschreibung, d. h. das Aussehen des beschriebenen Musters, nicht immer vollständig überblickt werden kann, zumal ja die Möglichkeit besteht, ein bereits verknüpftes Muster abermals mit einem neuen oder gar einem bereits auch schon durch Verknüpfung entstandenen zu kombinieren. Eine weitere Verallgemeinerung besteht darin, daß an Stelle der Punktmuster auch Einzelpunkte genannt werden können. Die beschreibende Vokabel wurde nicht nach dem Resultat der Verknüpfung, das ohnehin im Grenzfall nicht überschaubar ist, gewählt, sondern nach dem Verknüpfungsvorgang, der für das zweitgenannte Muster in einer linearen Transformation besteht, und lautet daher TRAFO vom Englischen „transformation“:

$$\text{spm1} = \text{PATERN/TRAFO}, \begin{matrix}\text{sp1}\\ \text{spm2}\end{matrix}, \begin{matrix}\text{sp2}\\ \text{spm3}\end{matrix}$$

Das Bildungsgesetz ist im Grunde identisch mit dem des Parallelogrammusters; nur muß hier so formuliert werden, daß der Anfangspunkt des zweiten Musters spm3 nacheinander mit allen Punkten des ersten Musters spm2 zur Deckung gebracht wird. Die Zählfolge für das so entstehende Muster spm1 ist so festgelegt, daß alle Positionen je eines Punktes des zweiten Musters spm3 abwechselnd in auf- bzw. absteigender Reihenfolge (bezüglich des ersten Musters) numeriert werden. Dies bedeutet natürlich für den Spezialfall zweier linearer Ausgangsmuster die gleiche Zählfolge, wie sie in den Abbildungen 40 und 41 gezeigt ist. Das Muster in Abbildung 40 ließe sich demnach wie folgt beschreiben:

```
PAT7 = PATERN/TRAFO, PAT3, PAT6
```

Entsprechend kann man das Muster in Abbildung 41 unter der Annahme, daß der Vektor in die Richtung von -7° weist, wie folgt beschreiben:

```
PTHILF = PATERN/LINEAR, P1, ATANGL, -7, INCR,
                1, AT, 1, 3, AT, .5, 2, AT, .75
PAT3 = PATERN/TRAFO, PAT1, PTHILF
```

Eine zusätzliche Verallgemeinerung ist durch die Möglichkeit gegeben, das zweite Punktmuster (spm3) gegen seine ursprüngliche Lage zu verdrehen. Dieses ist durch Anfügen der Vokabel XYROT vom Englischen „x-y-rotation“ (Drehung in x-y(-Ebene)) zu kennzeichnen:

```
spm1 = PATERN/TRAFO, spm2, spm3, XYROT, w
```

Ein Beispiel für die Anwendung dieser Definitionsform zeigt Abbildung 42.

Eine Punktmusterdefinition, die in allen Sprachen der APT-Familie gleichermaßen verfügbar ist, erlaubt das Zusammenfassen von mehreren Punktmustern und Einzelpunkten unter einem Namen. Da hierbei beliebige Punktmuster, die keinem speziellen Bildungsgesetz unterliegen, erzeugt werden, wird zur Kennzeichnung die Vokabel RANDOM vom Englischen „random“ (zufällig) verwendet:

$$\text{spm1} = \text{PATERN/RANDOM}, \begin{matrix}\text{sp1}\\ \text{spm2}\end{matrix}, \ldots, \begin{matrix}\text{spn}\\ \text{spmn}\end{matrix}$$

So ließen sich z. B. die in den Abbildungen 40 und 41 gezeigten Punktmuster zu einem gemeinsam aufrufbaren Muster durch die Anweisung

GESAMT = PATERN/RANDOM, PAT7, PAT3

zusammenfassen.

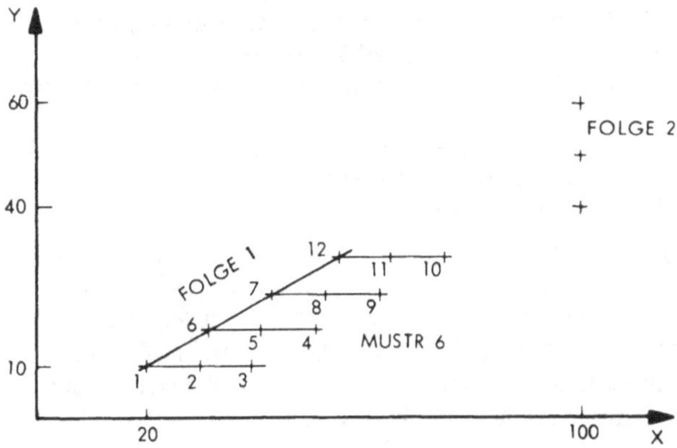

MUSTR6=PATERN/TRAFO, FOLGE1, FOLGE2, XYROT, -90

Abb. 42. Punktmusterdefinition durch zwei Punktmuster mit Rotation nach [5]

Der Vollständigkeit halber soll noch eine weitere Punktdefinition in Verbindung mit Punktmustern vorgestellt werden. Sie gestattet die Benennung eines Punktes eines Musters mit einem Punktnamen:

sp = POINT/spm, i

wobei die Zahl i die Ordnungszahl des gewünschten Punktes des Musters spm in seiner Zählfolge angibt.

Zusätzlich zu den bisher beschriebenen Punktmusterdefinitionen gibt es noch Möglichkeiten der Modifizierung von Punktmustern durch Auswählen bzw. Ausblenden einzelner oder einer Gruppe von Punkten und durch Umkehren der Zählfolge. Während in APT und 2CL diese Möglichkeiten nur während des Aufrufes zur Bearbeitung mittels der in Abschnitt 8.1.1. beschriebenen Exekutivanweisungen zugelassen sind, kann man in EXAPT hinter jedem Punktmusteraufruf (durch Nennung seines symbolischen Namens) entsprechende Vokabeln und Zahlenangaben folgen lassen.

Die genannten Möglichkeiten werden durch die Vokabeln:

RETAIN: (engl. „retain") beibehalten von Punkten
OMIT: (engl. „omit") auslassen von Punkten
INVERS: (engl. „inversion") Umkehren der Zählfolge

Dabei schließt sich die Anwendung von OMIT bzw. RETAIN gegenseitig aus, da die gemeinsame Anwendung der beiden gegenläufigen Operationen keinen Sinn ergäbe.

Die Angabe der auszulassenden oder beizubehaltenden Punkte des Musters erfolgt über die Indizes, die als Aufreihung von Zahlen angegeben werden. Wenn mehrere aufeinanderfolgende Indizes anzugeben sind, so kann dies mit einer abkürzenden Schreibweise durch Benutzung der Vokabel THRU, vom Englischen „through" (durch, bis), getan werden:

$$\ldots, i_1, \text{THRU}, i_2$$

so daß folgende Angaben hinter dem Punktmustersymbol möglich sind:

$$\ldots, \text{spm}, \begin{matrix}\text{OMIT}\\ \text{RETAIN}\end{matrix} \; \begin{matrix} i_1 \\ i_1, \text{THRU}, i_2\end{matrix}, \ldots, \begin{matrix} i_n \\ i_{n-1}, \text{THRU}, i_n\end{matrix}$$

Soll die Zählfolge umgekehrt werden, so muß die Vokabel INVERS angehängt werden, und zwar hinter allen etwaigen Modifikationen der Punktanzahl, da sich die Index-Angaben immer auf die ursprüngliche Zählfolge beziehen. Somit kann insgesamt folgende Modifikation hinter einem Punktmustersymbol stehen:

$$\ldots,\ \mathrm{spm},\ \begin{array}{l} \mathrm{OMIT} \\ \\ \mathrm{RETAIN} \end{array}\ \begin{array}{l} i_1 \\ , \\ i_1,\ \mathrm{THRU},\ i_2 \end{array}\ \begin{array}{c} \\ ,\ldots, \\ \end{array}\ \begin{array}{l} i_n \\ \\ i_{n-1},\ \mathrm{THRU},\ i_n \end{array}\ ,\ \mathrm{INVERS}$$

Es ist aber auch möglich die Punktfolge lediglich umzukehren, was dann folgende Form ergibt:

. . ., spm, INVERS

Ein Beispiel, das die verschiedenen Möglichkeiten der Modifizierung von Punktmustern zeigt, ist in Abbildung 43 dargestellt.

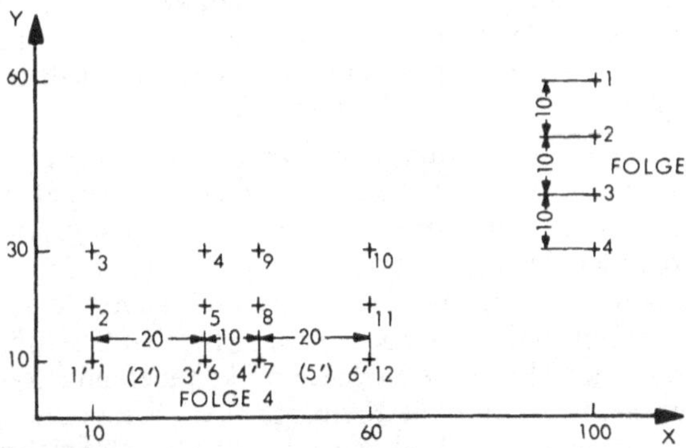


```
ANTON=POINT/10, 10
BERTA=POINT/60, 10
FOLGE4=PATERN/LINEAR, ANTON, BERTA, 6
CAESAR=POINT/100, 30
DORA=POINT/100, 60
FOLGE5=PATERN/LINEAR, DORA, CAESAR, 4
MUSTR9=PATERN/TRAFO, FOLGE4, OMIT, 2, 5, FOLGE5, RETAIN,
          2, THRU, 4, INVERS
```

Abb. 43. Modifikation von Punktmustern nach [5]

Hiermit soll die Vorstellung von Beschreibungsmöglichkeiten für Punktmuster abgeschlossen werden, auch wenn einige Möglichkeiten wie z. B. Spiegelung von Punktmustern nicht behandelt wurden. Die Anwendung der Punktmuster ist hauptsächlich auf Lochbearbeitungen ausgerichtet. Die zugehörigen Aufruf-Anweisungen finden sich, wie schon erwähnt, im Abschnitt 8.1.1.

7.1.4. Konturdefinitionen

Bis hierher sind Beschreibungsmöglichkeiten für die einfachen geometrischen Elemente Punkt, Gerade und Kreis vorgestellt worden sowie die Zusammenfassung mehrerer Punkte zu einem Muster mit bestimmtem Bildungsgesetz.

Im allgemeinen reichen diese Beschreibungsmöglichkeiten nur zur Darstellung der Geometrie einfacher Werkstücke bzw. zur Beschreibung einfacher Fertigungsoperationen. Für komplexere Geometrie und zusammengesetzte Werkzeugwege muß man durch entsprechende Definition der einzelnen Elemente und durch später zu erläuternde Bewegungsanweisungen jede einzelne Teilbewegung des Werkzeuges festlegen.

Durch diese Methode gewinnt man zwar eine weitgehende Flexibilität bezüglich der zu beschreibenden Fertigungsmethode. Andererseits ist sie mit einem recht hohen Beschreibungsaufwand verbunden. Deshalb hat man für Aufgaben, bei denen die einzelnen Werkzeugwege nicht durch die Geometrie des Werkstückes festgelegt sind, nach vereinfachenden Beschreibungsformen gesucht. Diese Verhältnisse kommen im allgemeinen immer bei Schruppbearbeitungen vor, da hier die Zerspanung meist durch das Werkzeug oder die Maschinenleistung begrenzt ist.

Konsequenzen für die geometrischen Definitionen wurden allerdings bisher nur für die Dreh- und Fräsbearbeitung gezogen, und zwar dadurch, daß man die Möglichkeit der Konturbeschreibung schuf. Bei der Drehbearbeitung wird die Rotationssymetrie des Werkstückes ausgenutzt, indem man die Werkstückform durch die Kontur eines Halbschnittes parallel zur Drehachse beschreibt. Bei der Fräsbearbeitung bieten sich zur Konturbeschreibung hauptsächlich die Berandungen von auszuräumenden Taschen eines Bauteils an.

Allen Konturbeschreibungen gemeinsam ist das prinzipielle Konzept des Beschreibungsablaufes. Dieses Konzept ist die verknüpfende Beschreibung der einzelnen geometrischen Elemente, aus denen die Kontur gebildet wird. Hierzu ist einerseits erforderlich, daß die Konturbeschreibung eröffnet wird, um der Kontur einen symbolischen Namen zuzuordnen oder sie im Falle der Drehteilbeschreibung durch eine Vokabel als Rohteil (BLANCO) oder Fertigteil (PARTCO) zu deklarieren. Anschließend wird ein Ausgangs- oder Startpunkt vereinbart, von dem aus nacheinander, in ihrer Reihenfolge in der Kontur, die geometrischen Elemente verknüpft werden. Den Abschluß bildet eine Anweisung zum Schließen der Konturbeschreibung.

Die Verknüpfung der einzelnen Elemente basiert auf der Vorstellung, daß mit einem Zeichenstift die einzelnen Elemente abgefahren werden und man dabei an jedem Übergangspunkt das neue Element durch seinen symbolischen Namen nennt und die Richtungsänderung im Übergang durch die Begriffe „vorwärts", „rechts", „links" oder „rückwärts" kennzeichnet, wobei sich diese relativen Begriffe jeweils auf die Richtung des vorhergehenden Elementes beziehen.

Da auch bei den Konturbeschreibungen sprachformale Differenzen wie unterschiedliche Vokabeln und Anweisungsformate zur Beschreibung gleichartiger Sachverhalte vorliegen, soll vor der Erläuterung weiterer Details an Hand eines einfachen Beispiels, das in Abbildung 44 dargestellt ist, die Gemeinsamkeiten und Unterschiede aufgezeigt werden.

Die tabellarische Zusammenfassung in Abbildung 44 enthält nur die Vertreter der Sprachen der APT-Familie, die eine Konturbeschreibung ermöglichen. Wie man schon aus diesem Beispiel entnehmen kann, sind die Beschreibungsformen für Konturen in den einzelnen Sprachen stark unterschiedlich, obwohl der beschriebene Inhalt (die Kontur) in allen Fällen identisch ist. Allerdings soll nicht verschwiegen werden, daß bewußt ein einfaches Beispiel gewählt wurde, um die Gemeinsamkeiten hervorzuheben. Hieraus resultiert auch, daß nur eine der vier möglichen Richtungsangaben (GOFWD bzw. FWD), nämlich die Angabe vorwärts vom englischen „forward" in dem Beispiel benutzt wird.

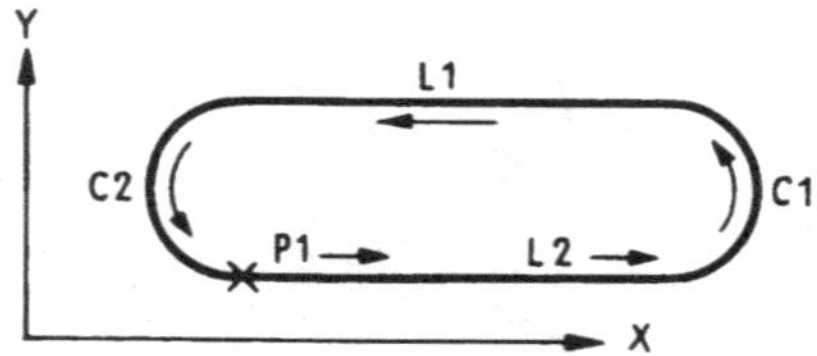

Sprache	2CL	EXAPT2	EXAPT3
Konturkopf	CON1=CONTUR ZCLEAR/PL1	CONTUR/BLANCO	CON=CONTUR/CONNEC, CLOSED, O, LFTLIM
Konturstart	FROM/P1, XLARGE	BEGIN/P1, XLARGE, L1	BEGIN/P1, XLARGE, L1
Konturverknüpfung	GOFWD/L1 GOFWD/G1 GOFWD/L2 GOFWD/C2	FWD/C1 FWD/L2 FWD/C2	FWD/C1 FWD/L2 FWD/C2, ON, L1
Konturschluß	TERCON	TERMCO	TERMCO

Abb. 44. Vergleich der Konturdefinitionen

Alle Möglichkeiten zur Angabe der Verknüpfungsrichtung sind in Abbildung 45 illustriert und haben folgende Bedeutung:

FWD	bzw. GOFWD	: vorwärts,
RGT	bzw. GORGT	: rechts,
LFT	bzw. GOLFT	: links,
BACK	bzw. GOBACK	: rückwärts.

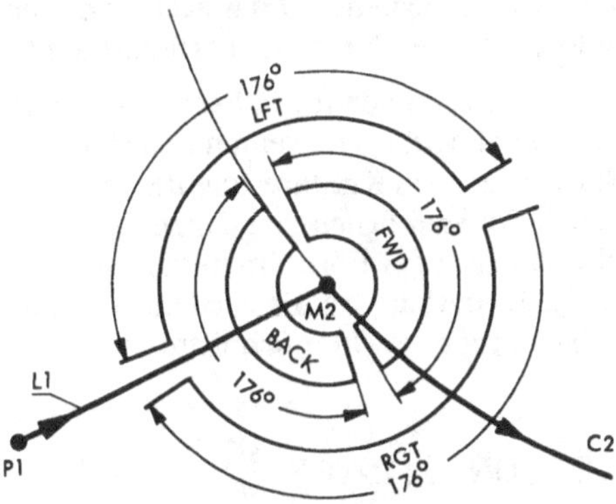

Abb. 45. Richtungsangabe zur Elementverknüpfung in Konturdefinitionen nach [6]

Wie man aus Abbildung 45 erkennt, kann außerhalb der jeweils 4° großen Sektoren, in denen nur eine Richtungsangabe gültig ist, zwischen jeweils zwei Richtungsangaben gewählt werden, wodurch in den meisten strittigen Fällen die Auswahl der richtigen Aussage erleichtert wird.

Neben der Angabe des neuen Konturelementes in der Verknüpfungsanweisung kann es erforderlich sein, die Länge dieses Konturelementes zu begrenzen, z. B. wenn man das letzte Element einer offenen Kontur beschreibt. Für diese Zwecke kann ein zweites geometrisches Element programmiert werden, dessen Schnittpunkt mit dem Konturelement dann den zur Kontur gehörenden Bereich definiert. Abgeleitet von den später zu erläuternden Bewegungsanweisungen wird hierfür die Vokabel ON, vom englischen „on" (auf) verwendet.

```
FWD
RGT    sl1        sl2
LFT  / sk1 , ON,  sk2
BACK
```

Im allgemeinen kann allerdings auf diese explizite Angabe des begrenzenden Elementes verzichtet werden, da der Übergangspunkt von einem Konturelement auf das nächste ohnehin durch den Schnittpunkt der beiden Elemente bestimmt wird.

Eine Ausnahme von dieser eindeutigen Bestimmbarkeit des Übergangspunktes kann vorliegen, wenn mindestens eins der beiden aufeinanderfolgenden Konturelemente ein Kreis ist. Es sind dann Konstellationen möglich, bei denen der „erste“ Schnittpunkt (in Beschreibungs- oder Fortschreiterichtung der Kontur) ignoriert werden soll. Hierfür wird die vorstehende Anweisungsform noch um die Angabe „zweiter Schnittpunkt“ erweitert:

```
FWD
RGT    sl1                    sl2
LFT  / sk1 , ON , 2 , INTOF , sk2
BACK
```

Hiermit sind die Möglichkeiten zur Konturbeschreibung, wie sie in 2CL geboten werden, erschöpft. Dies beruht einmal darauf, daß man bei der Entwicklung von 2CL möglichst wenige „neue“ Worte (gegenüber APT) erfinden wollte, weshalb auch die Vokabeln der Bewegungsanweisungen FROM, GOFWD, GORGT, GOLFT und GOBACK Verwendung finden. Zum anderen resultiert die im Vergleich zu den noch zu schildernden zusätzlichen Möglichkeiten in EXAPT wenig komfortable Konturbeschreibung aus der Idee, daß eine Kontur als rein geometrische Verknüpfung von einzelnen Elementen, und zwar Gerade und Kreis, anzusehen ist. Im Gegensatz dazu wird in EXAPT die Kontur als die Berandung, d. h. die Projektion bzw. Schnittlinie einer Werkstückfläche gesehen, so daß man der ganzen Kontur oder einzelnen Elementen davon auch technologische Eigenschaften wie geforderte Rauhtiefe der Oberfläche und Oberflächengüte zuordnen kann. Andererseits unterscheiden sich die Konturbeschreibungen in EXAPT 2 und EXAPT 3 voneinander, weil die jeweiligen Möglichkeiten speziell auf den Einsatzzweck der Dreh- bzw. Fräsbearbeitung zugeschnitten sind und daher nicht ohne weiteres auf andere Anwendungsfälle übertragen werden können. Es sollen deshalb nacheinander für EXAPT 2 und EXAPT 3 die zusätzlichen Beschreibungsmöglichkeiten erläutert werden.

In EXAPT 2 können an Stelle der allgemein zugelassenen Geraden- und Kreissymbole zum Aufruf von Konturelementen auch direkt die häufig an Drehteilen anzutreffenden Durchmesser und Planflächen, die im Sinne der Konturbeschreibung achsparallele Geradenelemente sind, direkt beschrieben werden. Dazu dienen die Vokabeln DIA und PLAN vom englischen „diameter“ und „plan“ (Durchmesser und Planfläche), hinter denen dann der Durchmesserwert bzw. der Abstand der Planfläche zum Koordinatenursprung angegeben wird.

```
FWD     sl
RGT   / sk
LFT     DIA, d
BACK    PLAN, a
```

Des weiteren besteht die Möglichkeit, Kantenbrüche und -verrundungen vereinfacht anzugeben durch die Vokabeln BEVEL und ROUND, vom englischen „bevel“ und „round“ (Fase und Verrundung). Man erspart sich hierdurch die separate Definition von Geraden und Kreisen, die in einer getrennten Verknüpfungsanweisung genannt werden müßten:

```
FWD     sl
RGT   , sk          BEVEL, b
LFT   / DIA, d    , ROUND, r
BACK    PLAN, a
```

Beispiele für Kantenbrüche und -verrundungen zeigen die Abbildungen 46 und 47.

Es sind hier bewußt die allgemeinen Fälle dargestellt. Bei Kantenbruch zwischen Planfläche und Durchmesser entsteht na-

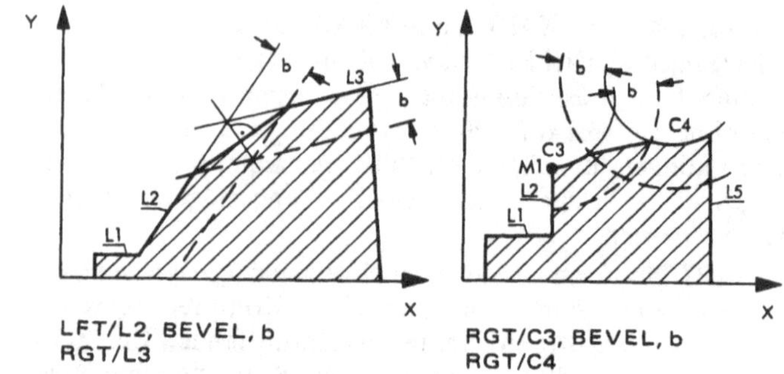

Abb. 46. Kantenbrüche in Konturdefinitionen nach [6]

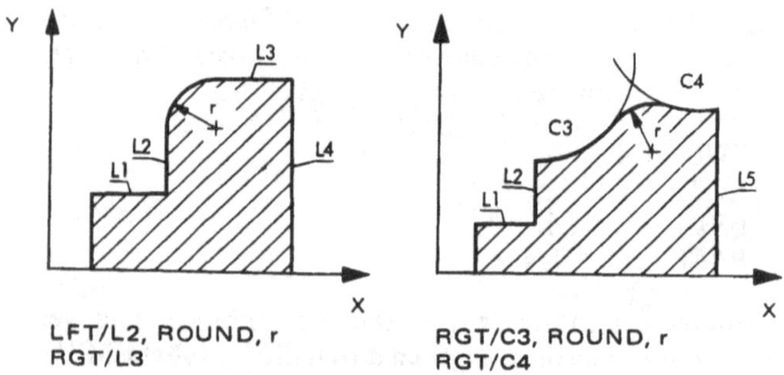

Abb. 47. Verrundungen in Konturdefinitionen nach [6]

türlich die geläufige 45°-Fase und bei Verrundung dieser Elemente ein Viertelkreis als Hohlkehle oder Abrundung. Der Vollständigkeit halber sei angemerkt, daß sich diese Übergangsbeschreibungen auch mit der Elementbegrenzung durch „ON“ oder „ON, 2, INTOF“ kombinieren lassen.

Im Gegensatz zu den Konturbeschreibungen in 2CL und EXAPT 3, wo beliebig viele Konturen definiert und mit symbolischen Namen belegt werden können, dürfen in EXAPT 2 nur zwei Konturen programmiert werden, nämlich die Rohteil- und die Fertigteilkontur. Deshalb unterscheidet sich auch die Anweisung zur Konturеröffnung dadurch, daß kein Name zugeordnet wird, sondern eine Vokabel im Nebenteil die folgende Kontur kennzeichnet:

```
          BLANCO
CONTUR /
          PARTCO
```

Andererseits sind die Beschreibungsformen zur Abarbeitung des zwischen Roh- und Fertigteil liegenden Materials nicht geeignet, diesen Vorgang in einem Zug zu beschreiben. Deshalb wird der Zerspanungsvorgang vom Roh- zum Fertigteil stückweise beschreiben. Hierfür sind Unterteilungen der Kontur in Teilabschnitte erforderlich, die in den Verknüpfungsanweisungen in Form von Markierungen gesetzt werden. Diese Konturmarkierungen stehen – genauso wie Symbolzuweisungen in Definitionen – links des Hauptwortes, werden aber durch ein Komma von diesem abgegrenzt:

```
       FWD    sl
       RGT    sk
skm,   LFT  / DIA, d
       BACK   PLAN, a
```

wobei normalerweise einer Verknüpfungsanweisung nur eine Konturmarkierung zugeordnet werden kann. Wenn allerdings in einer Verknüpfung ein Kantenbruch oder eine -verrundung programmiert wird, so kann dieser Anweisung eine zweite Markierung zugeordnet werden, die sich dann auf den Anfangspunkt des Überganges bezieht. Abbildung 48 zeigt ein Beispiel zur Beschreibung von Konturen mit Markierungen.

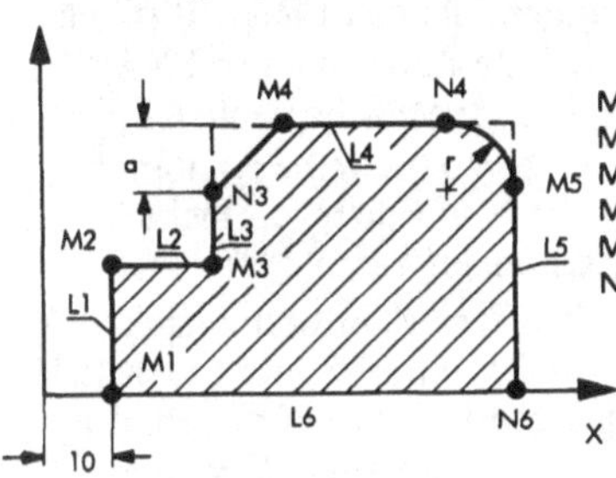


```
             CONTUR/PARTCO
M1,          BEGIN/10, 0, YLARGE, L1
M2,          RGT/L2
M3, N3,      LFT/L3, BEVEL, a
M4, N4,      RGT/L4, ROUND, r
M5,          RGT/L5
N6,          RGT/L6
             TERMCO
```

Abb. 48. Konturmarkierungen in Konturdefinitionen nach [6]

Die bereits erwähnte Angabe der Oberflächengüte und Rauhtiefe kann global, d. h. für alle Konturelemente, durch eine Anweisung erfolgen:

```
          ROUGH
SURFIN /  FIN, rts
          FINE, rtf
```

Das Hauptwort steht für den englischen Ausdruck „surface finish" (Oberflächengüte) und die Vokabeln des Nebenteils für „roughing", „finishing" und „fine finishing" (schruppen, schlichten und feinschlichten). Die Zahlenwerte rts und rtf geben Grenzrauhtiefen an, die bei der maschinellen Vorschubberechnung berücksichtigt werden. Die Vokabeln bewirken eine Steuerung der Aufmaße bei Vorbearbeitungen. Dabei kennzeichnet ROUGH Konturen, die ohne Aufmaß fertiggeschruppt werden. Konturelemente, die entweder mit FIN oder FINE gekennzeichnet sind, entstehen normalerweise durch die Bearbeitungsfolge Schruppen, Schlichten und im letzteren Fall durch zusätzliches Feinschlichten. Dabei werden Aufmaße programmierbarer Größe für die nachfolgenden Bearbeitungen stehengelassen.

Die Angabe der Oberflächengüte kann aber auch für jedes Konturelement getrennt beschrieben werden. Hierfür wird dann die gewünschte Angabe, wie im Nebenteil der SURFIN-Anweisung, am Ende der Verknüpfungsanweisung aufgeführt.

Für die Konturbeschreibung in EXAPT3 wurden alle die Möglichkeiten aus EXAPT2 übernommen, die nicht ausschließlich auf Drehteile anwendbar sind. Deshalb findet man in EXAPT3 *nicht* die vereinfachende Beschreibung von achsparallelen Linien mittels DIA oder PLAN. Ferner sind keine Kantenbrüche BEVEL beschreibbar, da diese an Frästeilen nicht innerhalb von Konturzügen für Taschen auftreten.

Dagegen wurden in EXAPT3 auch offene Konturen zugelassen, d. h. Konturen, bei denen Start- und Endpunkt nicht identisch sind. Ferner ist es auch möglich, Konturen zu definieren, die aus nur einem (kreisförmigen) Element bestehen. Dementsprechend wird in der Kontureröffnung mit den Vokabeln

CONNEC, OPEN und CLOSED vom englischen „connected“, „open“ und „closed“ (zusammengesetzt, offen, geschlossen) die Kontur klassifiziert:

$$\text{skt} = \text{CONTUR/CONNEC}, \begin{matrix}\text{OPEN}\\ \text{CLOSED}\end{matrix}, \text{zu}, \begin{matrix}\text{RGTLIM}\\ \text{LFTLIM}\\ \text{ONLIM}\\ \text{UNLIM}\end{matrix}$$

Die Begrenzungsangaben

RGTLIM (right limited; rechts begrenzt)
LFTLIM (left limited; links begrenzt)
ONLIM (on limited; auf begrenzt)
UNLIM (unlimited; unbegrenzt)

sind in Abbildung 49 erläutert.

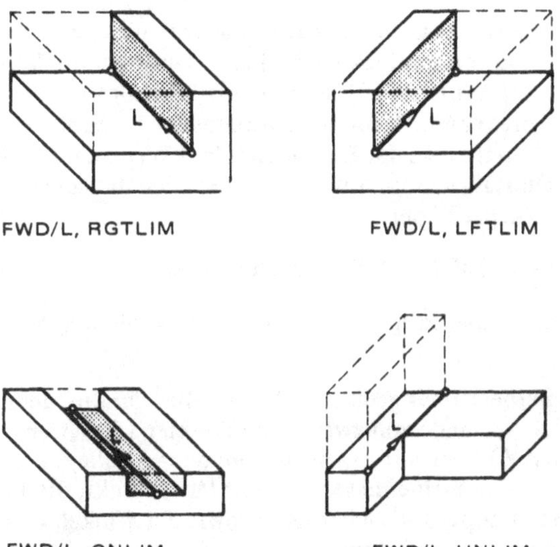

Abb. 49. Wegbegrenzungen in Koturdefinitionen nach [7]

Sie können, analog zu der Angabe der Oberflächengüte, auch an einzelnen Elementen in der Verknüpfungsanweisung programmiert werden.

Obwohl auch hier nicht alle Details der Konturbeschreibungen behandelt werden, soll dieser Abschnitt hiermit abgeschlossen werden.

7.1.5 Definitionen höherer analytischer Kurven

Mit den bisher beschriebenen geometrischen Definitionen lassen sich die geometrischen Grundelemente Punkt, Gerade und Kreis beschreiben, die dem Konstrukteur durch den Umgang mit Lineal und Zirkel geläufig sind. Ferner ist eine Zusammenfassung von Punkten zu Mustern und Geradenstücken und Kreisbögen zu Konturen möglich. Im folgenden werden Beschreibungsmöglichkeiten für Ellipsen und Hyperbeln gezeigt und die allgemeinen Definitionsformen für alle Kegelschnitte diskutiert.

Eine Ellipse ist der geometrische Ort aller Punkte, deren Summe der Abstände von zwei festen Punkten (den Brennpunkten der Ellipse) konstant ist. Als Bestimmungsstücke dienen allerdings nicht die Brennpunkte und die Abstandssumme zu ihnen, sondern der Mittelpunkt der Ellipse und die Längen der kurzen und langen Halbachsen, sowie der Winkel den die lange Achse mit der X-Achse bildet:

sel = ELLIPS/CENTER, sp, ha, hb, w

Das Beispiel einer Ellipsendefinition ist in Abbildung 50 gezeigt.

Eine Hyperbel ist der geometrische Ort aller Punkte, deren Differenz der Abstände von zwei festen Punkten (den Brennpunkten der Hyperbel) konstant ist. Als Bestimmungsstücke dienen auch hier nicht diese Elemente sondern der Mittelpunkt, die Länge der halben Haupt- und Nebenachse sowie der Winkel, den die Hauptachse mit der X-Achse bildet:

sh = HYPERB/CENTER, sp, hh, hn, w

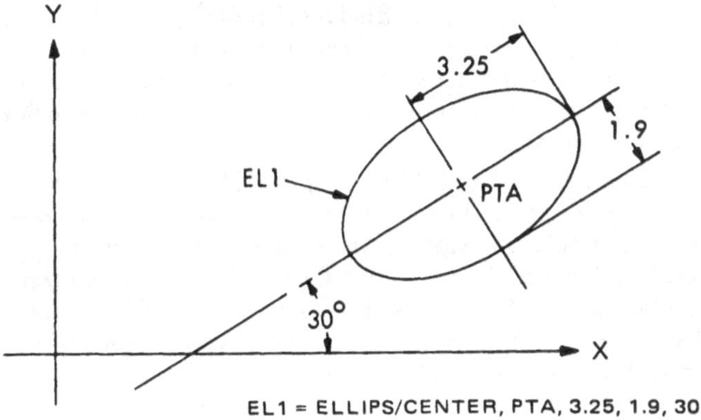

Abb. 50. Ellipsendefinition nach [2]

Ein Beispiel zur Hyperbeldefinition ist in Abbildung 51 dargestellt.

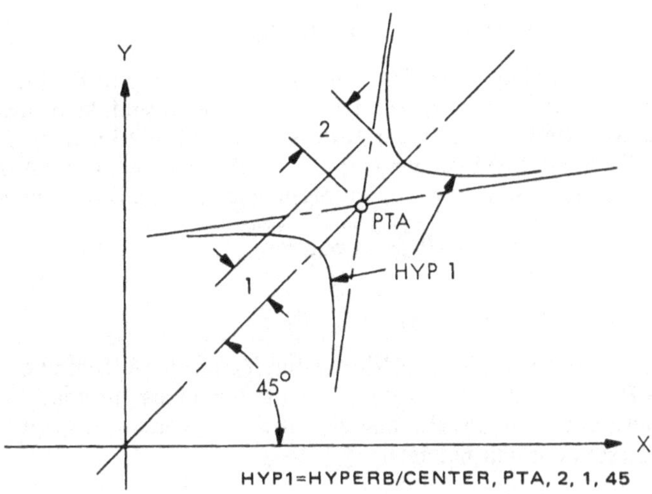

Abb. 51. Hyperbeldefinition nach [2]

Von Kreis und Ellipse unterscheidet sich die Hyperbel hauptsächlich dadurch, daß sie aus zwei Teilkurven besteht, die durch eine mathematische Gleichung definiert sind. Dementsprechend werden durch *eine* Symbolzuweisung in *einer* Definition beide Teilkurven benannt.

Mit Ausnahme der Parabel können mit Hilfe dieser Definition alle Kegelschnitte definiert werden. Für die Beschreibung einer Parabel hat man kein eigenes Anweisungsformat verfügbar gemacht, weil neben den speziellen Beschreibungsformen noch die allgemeine Definition von Kegelschnitten aller Art durch die allgemeine quadratische Gleichung zweier Veränderlicher verfügbar ist. Dabei werden die Koeffizienten der allgemeinen Gleichung zweiten Grades.

$$a_1 x^2 + a_2 xy + a_3 y^2 + a_4 x + a_5 y + a_6 = 0$$

in dieser Reihenfolge als Parameter der Anweisung aufgeführt, die, abgeleitet vom englischen „general conic section" (allgemeiner Kegelschnitt), mit der Vokabel GCONIC bezeichnet wird:

sks = GCONIC/ $a_1, a_2, a_3, a_4, a_5, a_6$

Neben dieser impliziten Form der Gleichung, in der beide Variablen (x und y) gleichberechtigt in ihr enthalten sind, kann auch die explizite Form, d. h. die Auflösung der obigen Gleichung in die Form $y = f(x)$ bzw. $x = f(y)$, beschrieben werden. Diese Auflösung nach y bzw. x hat dann folgende allgemeine Darstellung:

$$y = b_1 x + b_2 \pm \sqrt{b_3 x^2 + b_4 x + b_5}$$

$$x = c_1 y + c_2 \pm \sqrt{c_3 y^2 + c_4 y + c_5}$$

Diese Formen werden auch direkt durch einfache Aufreihung der Parameter definiert, wobei die Unterscheidung zur impliziten Form darin besteht, daß die Anzahl der Parameter nicht sechs sondern fünf beträgt:

sks = GCONIC/ b1, b2, b3, b4, b5
sks = GCONIC/ c1, c2, c3, c4, c5, FUNOFY

Untereinander werden sie also durch das Anhängen der Vokabel FUNOFY, vom englischen „function of Y" (Funktion von Y) an die nach x aufgelöste Form, unterschieden. Abschließend sei noch erwähnt, daß man auch einen Kegelschnitt durch Punkte oder Punkte und Steigungen der Kurve definieren kann.

7.1.6. Definitionen tabellierter Funktionen

In den vorstehenden Abschnitten wurden nicht nur Definitionen zur Beschreibung von geraden und kreisförmigen Linien vorgestellt, sondern auch für elliptische und hyperbolische Kurven und für solche, die durch eine allgemeine Kegelschnittgleichung beschrieben werden können. Diese Anweisungen können aber nicht für Kurven benutzt werden, für die komplizierte Gleichungen erforderlich sind, oder für Kurven, die durch experimentell ermittelte Stützpunkte definiert sind.

Für solche Kurven kann auf eine Beschreibungsform zurückgegriffen werden, die mit dem Hauptwort TABCYL, als Abkürzung des englischen „tabulated cylinder" (tabellierter Zylinder), definiert werden. Der Begriff Zylinder ist im mathematischen Sinne zu verstehen, d. h. nicht nur kreisförmige Zylinder sondern jede Fläche, die durch die Bewegung einer erzeugenden „Leitgeraden" auf einer beliebigen ebenen Kurve (der „Lauflinie" oder „Erzeugenden") entsteht, sind unter diesem Ausdruck erfaßt. Das Wort „tabelliert" bezieht sich auf die Tatsache, daß die Lauflinie nicht durch eine Gleichung, sondern durch eine Tabelle von x-y-Koordinaten oder Punkten beschrieben wird.

Der Vorgang der Flächenerzeugung aus den vorzugebenden Stützpunkten ist in Abbildung 52 dargestellt.

Von den unterschiedlichen Formen der Dateneingabe (Punkte, Steigungen, Normalen) und den daraus resultierenden unterschiedlichen Interpolationsverfahren hat sich als häufigste Darstellungsart die Vorgabe von Stützpunkten zur Bestimmung kubischer Parabeln herausgestellt. Hierbei ist nämlich das Interpolationsverfahren nicht durch vorgegebene Steigungen oder Kurvennormalen gebunden und kann so die einzelnen Kurvensegmente so ermitteln, daß sie an den Grenzen mit stetiger Krümmung d. h. mit stetiger zweiter Ableitung in einander übergehen.

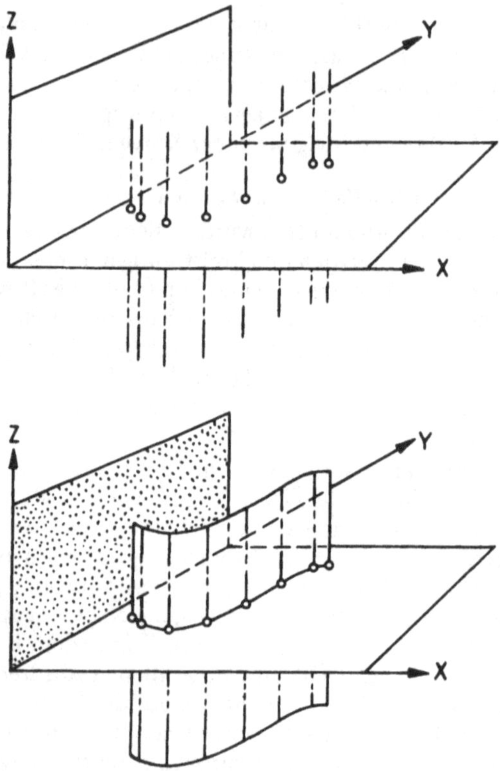

Abb. 52. Flächenerzeugung aus Stützpunkten und Leitgerade

Dieses Interpolationsverfahren wird mit der Vokabel SPLINE vom englischen „spline" (biegen) gekennzeichnet:

$$\text{st} = \text{TABCYL}/\begin{matrix}\text{NOX}\\ \text{NOY}\\ \text{NOZ}\end{matrix}, \text{SPLINE}, \begin{matrix}\text{sp1}\\ \text{x1, y1}\end{matrix}, \ldots, \begin{matrix}\text{spn}\\ \text{xn, yn}\end{matrix}$$

Mit einer der drei möglichen Vokabeln NOX, NOY und NOZ legte man fest, wie die Zahlenwerte (X_i, Y_i) aufzufassen sind, bzw. welche Koordinate der symbolisch angegebenen Punkte nicht berücksichtigt werden soll bei der Berechnung des geglätteten Kurvenzuges. Hiermit wird gleichzeitig die Lage der Leitgeraden beschrieben, die jeweils parallel zu der Achsrichtung verläuft, deren Koordinatenwerte nicht angegeben sind bzw. nicht berücksichtigt werden. So wird der häufigste Fall tabellierter Funktionen, der eine Punktfolge in der x-y-Ebene vorgibt und bei dem die zugehörige Leitgerade parallel zur Z-Achse verläuft, mit der Vokabel NOZ (kein Z-Wert) beschrieben.

Neben diesem am häufigsten verwendeten Format sind auch noch andere Definitionsformen möglich, die hier allerdings nur summarisch beschrieben werden sollen. So kann an Stelle der Vorgabe von karthesischen Koordinatenpaaren xy, yz oder zx, die Stützpunktdefinition auch in Polarkoordinaten durch Angabe von Winkel und Radius erfolgen. Ferner sind auch andere Interpolationsarten anwendbar, die aber nicht häufig benutzt werden, weil sie nur eine Stetigkeit in der ersten Ableitung gewährleisten.

Ebenso summarisch seien die Definitionsformen für Punkt, Gerade und Kreis abgehandelt, die als Bestimmungsstück eine tabellierte Funktion referieren. Man kann einen Punkt als Schnittpunkt einer Geraden mit einer tabellierten Funktion definieren. Geraden kann man sowohl als Tangente an als auch als Senkrechte auf eine solche beliebige Kurve beschreiben. Schließlich kann man auch einen Kreis als tangierend an einen TABCYL und eine Gerade definieren. Abschließend sei darauf hingewiesen, daß die Auswahl der Lage der Stützpunkte von großer Bedeutung für die resultierende tabellierte Funktion ist. Es erfordert daher eine gewisse Übung in der Auswahl der Stützpunkte zum erfolgreichen Einsatz dieser Beschreibungsmöglichkeit; eine Übung, die üblicherweise durch die häufige Anwendung erworben wird.

7.1.7. Definitionen beliebiger Raumflächen

Die geometrischen Elemente, deren Beschreibungsformen bisher dargestellt wurden, dienen hauptsächlich zur Angabe von Werkzeugpositionen (bei Punkten und Punktmustern) bzw. zur Führung der Werkzeugbewegungen längs bestimmter Bahnen. Neben diesen Führungsbahnen für die Werkzeugbewegung, mit denen beim Fräsen z. B. die Eingriffsbreite des Werkzeuges definiert wird, ist es im allgemeinen Fall, d. h. bei räumlicher (dreidimensionaler) Bearbeitung, zusätzlich erforderlich, die Höhenzustellung d. h. die Bewegung in Richtung der Werkzeugachse vorgeben zu können. Hierfür werden in einfacheren Fällen Ebenen-Definitionen benutzt, die meist sogar auf Ebenen parallel zur x-y-Ebene beschränkt sind (Vergl.: ZSURF-Anweisung; Abschn. 7.1.).

Für die Herstellung von gewölbten Oberflächen müssen aber gekrümmte Flächen beschreibbar sein. Deshalb wurden in APT neben den bereits beschriebenen Anweisungen zur Definition allgemeiner Kegelschnitte (mittels GCONIC) auch eine Anweisung zur Definition einer allgemeinen Fläche zweiter Ordnung, d. h. einer Gleichung zweiten Grades in den drei Veränderlichen x, y und z, vorgesehen. Diese Gleichung hat die Form:

$$a_1 x^2 + a_2 y^2 + a_3 z^2 + \frac{1}{2}(a_4 yz + a_5 xz + a_6 xy + a_7 x + a_8 y + a_9 z) + a_{10} = 0$$

Die Parameter dieser Flächengleichung werden unter der Vokabel QADRIC als Abkürzung des englischen „quadric“ (Quadrik) folgendermaßen definiert:

$$sq = \mathrm{QADRIC}/a_1, a_2, a_3, a_4, a_5, a_6, a_7, a_8, a_9, a_{10}$$

In Abbildung 53 sind einige spezielle Flächenformen und ihre Gleichungen gezeigt. Die speziellen zylindrischen Formen der Kegelschnitte, wie sie mit der GCONIC-Anweisung beschreibbar sind, können natürlich auch mit einer QADRIC-Anweisung beschreiben werden, wobei dann alle Koeffizienten von mit z behafteten Gliedern (a_3, a_4, a_5 und a_9) zu Null angegeben werden müssen. Diese Form der Flächendefinition wird man im allgemeinen dann anwenden, wenn der zu produzierende Körper aufgrund von mathematischen Berechnungen entweder direkt als Fläche zweiter Ordnung mit den notwendigen Parametern angebbar ist oder durch Approximation von Teilbereichen einer

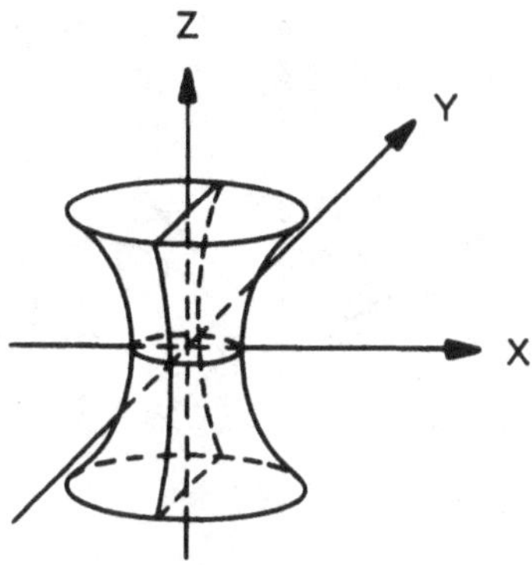

Hyperboloid

$$\frac{x^2}{a^2} - \frac{y^2}{b^2} - \frac{z^2}{c^2} = 1$$

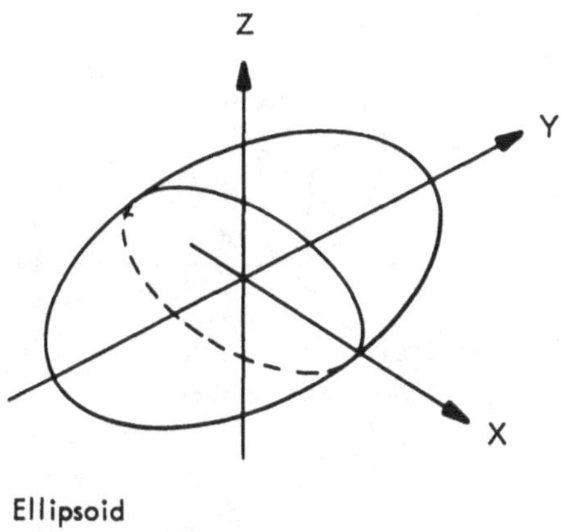

Ellipsoid

$$\frac{x^2}{a^2} + \frac{y^2}{b^2} + \frac{z^2}{c^2} = 1$$

Abb. 53. Einige spezielle Flächen zweiter Ordnung nach [2]

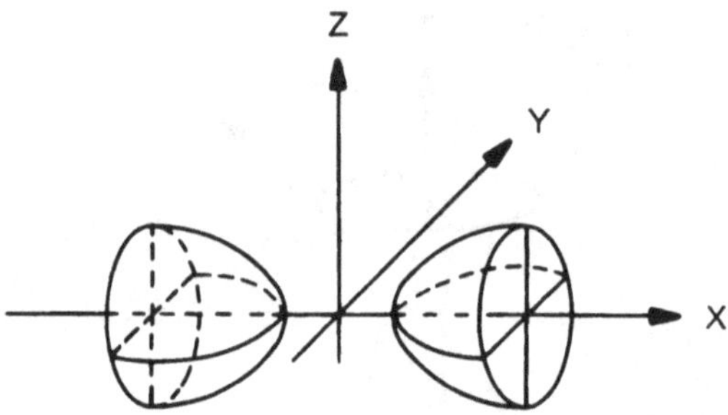

Hyperboloid

$$\frac{x^2}{a^2} + \frac{y^2}{b^2} - \frac{z^2}{c^2} = 1$$

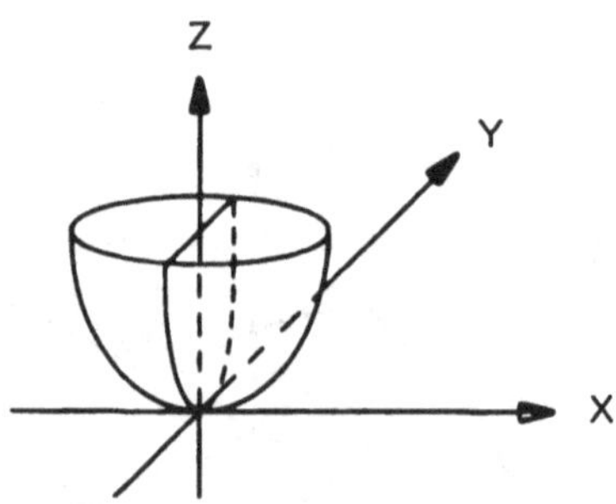

Elliptischer Paraboloid

$$\frac{x^2}{a^2} + \frac{y^2}{b^2} = 2cz$$

Abb. 53. Einige spezielle Flächen zweiter Ordnung nach [2] (Forts.)

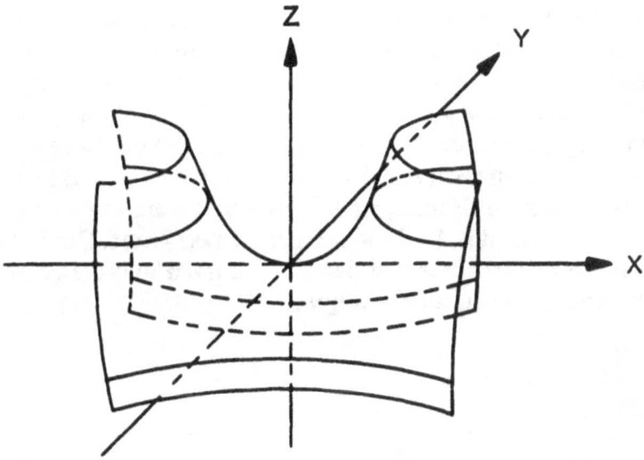

Hyperbolischer Paraboloid

$$\frac{x^2}{a^2} - \frac{y^2}{b^2} = 2cz$$

Abb. 53. Einige spezielle Flächen zweiter Ordnung nach [2] (Forts.)

Fläche höherer Ordnung durch die quadratische Form errechnet werden kann.

Für Flächenformen, die durch Experimente ermittelt oder von ästhetischen Gesichtspunkten bestimmt in Form von Modellen oder deren Übertragung in eine Schar von Kurvenzügen vorliegen, ist die analytische Beschreibung durch die Parameter der Flächengleichung ungeeignet. Für diese empirischen Flächenbeschreibungen wurde deshalb eine Definitionsform geschaffen, die man als „Regelfläche" bezeichnet. Solche Regelflächen werden durch eine Linienschar gebildet, die zwischen zwei beliebigen räumlichen Kurven aufgespannt wird. Die räumlichen Kurven werden ihrerseits gebildet durch den Schnitt einer Fläche mit einer Ebene, wie in Abbildung 54 gezeigt ist.

Die Zuordnung von Anfangs- und Endpunkt einer „Regellinie" der Linienschar erfolgt über die proportionale Gleichteilung der Verbindungsgeraden zwischen den Begrenzungspunkten (P1A und P1B bzw. P2A und P2B in Abbildung 54) der räumlichen Kurven. Als Berechnungsvorschrift formuliert: man gewinnt die Begrenzungspunkte einer Regellinie (z. B. der Mittigen), indem man die beiden Verbindungsgeraden der die Regelfläche berandenden Raumkurven (P1A–P1B bzw. P2A–P2B) gleichartig teilt (z. B. im Verhältnis 1:1) und in diesem Punkt die Senkrechten auf den Verbindungsgeraden errichtet. Die Schnittpunkte der Senkrechten mit den Raumkurven sind die gesuchten Begrenzungspunkte der Regellinie.

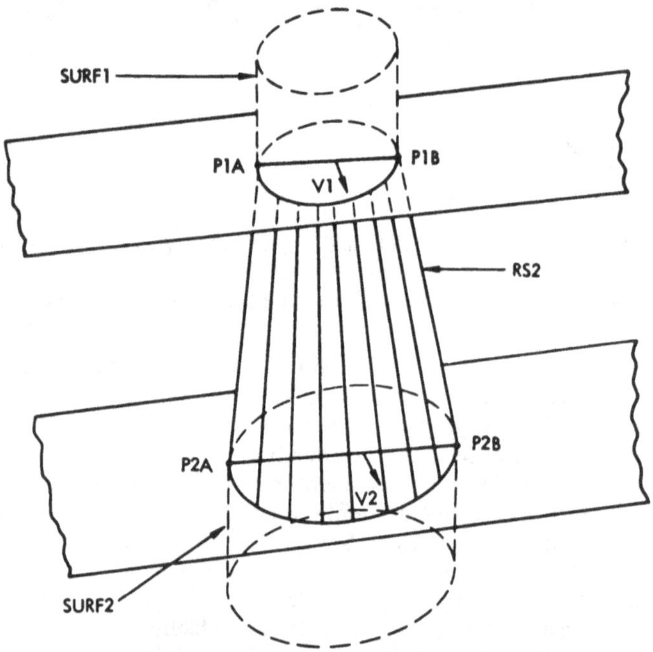

RS2 = RLDSRF/SURF1, P1A, P1B, V1, SURF2, P2A, P2B, V2

Abb. 54. Regelflächendefinition nach [2]

Die Definition einer Regelfläche erfolgt durch die Vokabel RLDSRF als Abkürzung des englischen „ruled surface" (Regelfläche) nach folgendem Format:

$$\text{srf} = \text{RLDSRF/so1, sp1, sp2, } \begin{matrix}\text{sv1}\\ \text{sp3}\end{matrix}\text{, so2, sp4, sp5, } \begin{matrix}\text{sv2}\\ \text{sp6}\end{matrix}$$

Hierbei stehen so1 und so2 abkürzend für den Begriff „Symbol einer Oberfläche", worunter die geometrischen Elemente Gerade, Kreis, Ellipse, Hyperbel, Kegelschnitt, tabellierte Funktion und Quadrik fallen. Den Punkten sp1 und sp2 bzw. sp3 und sp4 fällt eine doppelte Funktion zu. Sie begrenzen einerseits die Berandungskurven der Regelflächen und bilden andererseits zusammen mit dem dritten Punkt bzw. der Vektorangabe die Ebene, in der die Berandung der Regelfläche liegt.

Zur Erzeugung beliebiger Raumflächen wird man normalerweise nicht mit einer Regelfläche auskommen, zumal ja auch die notwendigen Stützpunkte in mehreren tabellierten Funktionen zusammengefaßt vorliegen werden. Für diese Fälle existieren dann noch spezielle Flächeninterpolationsverfahren, auf die hier aber nicht weiter eingegangen werden kann.

7.2. Technologische Definitionen

Der Begriff der technologischen Definition wird selbst innerhalb der verschiedenen Mitglieder der APT-Familie sehr unterschiedlich interpretiert, weshalb er hier kurz beleuchtet werden soll. Im Sinne von APT wird unter technologischer Definition die Wahl von Werkzeug, Vorschub und Schnittgeschwindigkeit verstanden, die in Form von einzelnen Kommando-Anweisungen vorgegeben werden. Deshalb hatte man ursprünglich auch keine umfassende Bezeichnung und benutzte später den Begriff der „work-shop technology" (Werkstatt-Technologie).

Im Gegensatz dazu steht die Auffassung, daß mittels technologischer Definitionen der gesamte Bearbeitungsvorgang charakterisiert bzw. beschrieben werden muß, wobei angestrebt wird, mit möglichst wenigen Angaben ein umfangreiches

Repertoire von Bearbeitungsverfahren zu steuern. Diese Betrachtungsweise stand bei der Entwicklung der EXAPT-Sprache im Vordergrund, die daher den Begriff der technologischen Definition in einem umfassenderen Sinne gebraucht, in dem er auch hier verstanden wird. Im folgenden sollen daher die technologischen Definitionen für Bohr-, Dreh- und Fräsbearbeitung (entsprechend den Sprachteilen 1, 2 und 3 von EXAPT) vorgestellt werden.

Zuvor können jedoch einige allgemeine Grundzüge der technologischen Definitionen, die auf alle Bearbeitungsverfahren gleichermaßen anwendbar sind, erläutert werden. Sprachformal entsprechen die technologischen Definitionen den geometrischen Definitionen, d. h. sie werden durch eine Symbolzuweisung benannt, durch ein Hauptwort grob klassifiziert und durch nachfolgende Modifikatoren näher beschrieben. Im Gegensatz zu den geometrischen Definitionen ist die Reihenfolge der Angaben in der Modifikatorenliste hinter dem Hauptwort nicht festgelegt, d. h. man kann z. B. sowohl

```
A = DRILL/DIAMET, 10, DEPTH, 30
```

als auch

```
A = DRILL/DEPTH, 30, DIAMET, 10
```

programmieren, wogegen die Anweisung

```
K = CIRCLE/RADIUS, 10, CENTER, P1
```

unzulässig ist, weil zuerst der Mittelpunkt und dann der Radius zu programmieren ist.

Die technologischen Definitionen basieren auf der Vorstellung, daß im Teileprogramm, d. h. in den technologischen Definitionen selbst, nur die Angaben erfolgen sollten, die ausschließlich für den bestimmten Bearbeitungsvorgang erforderlich sind. Darüber hinaus gibt es aber immer verfahrensbedingte Grenzen, wie z. B. die Notwendigkeit der Reversierung des Werkzeugs zum Ausspänen beim Tieflochbohren, die in den Programmen zur Bestimmung der einzelnen Bearbeitungsschritte enthalten sein sollen. Ferner ist es erforderlich, Anpassungsmöglichkeiten an firmenspezifische Erfahrungen vorzusehen, für das Beispiel des Tieflochbohrens wären das die Tiefenwerte, bei denen die Reversierungen erfolgen sollen. Für diese Zwecke sind einmal zu erstellende Dateien vorgesehen, in denen die verfügbaren Werkzeuge, die Berechnungsparameter für Schnittwerte und die Richtdaten für die Bearbeitungsverfahren festgehalten werden und somit den technologischen Erfahrungsschatz eines Fertigungsbetriebes repräsentieren. Aufgrund dieser Dateien, die bereits im Abschnitt 5.2. beschrieben und in Abbildung 6 dort gezeigt wurden, ist es im allgemeinen möglich, die für die Bearbeitung erforderlichen Schnittwerte Vorschub und Schnittgeschwindigkeit im Übersetzungsprogramm zu berechnen. Die einzige hierzu erforderliche Angabe im Teileprogramm ist die Beschreibung des Werkstoffes, der zerspant werden soll. Dies erfolgt in Form einer Schlüsselzahl mit der Anweisung:

PART/MATERL, b

die noch um prozentuale Korrekturfaktoren für die zu errechnenden Werte von Vorschub und Schnittgeschwindigkeit ergänzt werden kann:

PART/MATERL, b, CORREC, ts, tv

wobei ts der prozentuale Vorschubmultiplikator und tv der prozentuale Schnittgeschwindigkeitsmultiplikator ist.

Man kann allerdings generell auch die maschinelle Schnittwertermittlung (des Übersetzerprogrammes) ausschalten, indem man Vorschub und Schnittgeschwindigkeit in den Bearbeitungsdefinitionen programmiert. Hierzu dienen die Modifikatoren:

. . ., FEED, s, SPEED, v, . . .

die abkürzend für die englischen Ausdrücke „feedrate" (Vorschub) und „cutting speed" (Schnittgeschwindigkeit) stehen.

Bei Bohrbearbeitungen kann und bei Dreh- und Fräsbearbeitungen muß man ferner das für die Bearbeitung zu verwendende

Werkzeug mittels einer ihm zugeordneten Identnummer festlegen. Hierfür wird die Vokabel TOOL vom englischen „tool" (Werkzeug) verwendet:

. . ., TOOL, e, . . .

wobei man, sofern nötig oder möglich, einen bestimmten Platz im Werkzeugmagazin durch Angabe der zweiten Zahl f vorgeben kann:

. . ., TOOL, e, f, . . .

Eine weitere Information, die sich auf das einzusetzende Werkzeug bezieht, ist die Angabe eines Korrekturschalters. An den Steuerungen sind häufig Ziffernschalter angebracht, deren Zahlwerte mit den programmierten Koordinaten verrechnet werden. Dadurch kann man sowohl Maßänderungen durch Werkzeugverschleiß als auch Maßdifferenzen der Werkzeugvoreinstellungen korrigieren. Die Angabe des Korrekturschalters erfolgt über eine Nummer mit Hilfe der Vokabel OSETNO als Abkürzung des englischen „offset number" (Korrektur-Nummer):

. . ., OSETNO, no, . . .

durch den Zahlenwert no, womit ein bestimmter der an der Steuerung vorhandenen Korrekturschalter ausgewählt wird.

Eine Angabe, die sich global auf das zu wählende Bearbeitungsverfahren bezieht, ist die Festlegung einer Definition als Einzelbearbeitung. Der Begriff der Einzelbearbeitung ist geprägt worden angesichts der Werkzeugvielfalt bei der Bohrbearbeitung, um einen einzelnen Arbeitsgang mit einem Werkzeug zu kennzeichnen. Im Gegensatz dazu steht ein Arbeitszyklus, bei dem mehrere Werkzeuge z. B. zum Vor- und Fertigbohren oder zum Reiben und Senken einer Bohrung benötigt werden. Zur Unterscheidung dieser beiden Arten von Definitionen wurde für die Einzelbearbeitung die Vokabel SO als Abkürzung des englischen „single operation" (Einzelbearbeitung) gewählt. Da alle Dreh- und Fräsdefinitionen die Angabe eines Werkzeuges durch seine Identnummer verlangen, sind sie nach dieser Festlegung Einzelbearbeitungen und müssen daher grundsätzlich die Vokabel SO enthalten.

Im folgenden sollen nun die jeweiligen spezifischen Angaben für Bohr-, Dreh- und Fräsbearbeitungen erläutert werden.

7.2.1. Definitionen für die Bohrbearbeitung

Die Operationen der Bohrbearbeitung sind gekennzeichnet durch die Vielfalt der zum Einsatz gelangenden Werkzeuge, weil jedes Werkzeug einen Formspeicher darstellt, d. h. mit einem Bohrer von 20 mm Durchmesser lassen sich auch nur 20 mm Löcher erzeugen. Dementsprechend ist die Vielfalt der Hauptworte für die verschiedenen Definitionen der Bohrbearbeitung:

CDRILL	centre drilling	Zentrieren
DRILL	drilling	Bohren
REAM	reaming	Reiben
SINK	sinking	Stirnsenken
SISINK	spiral sinking	Spiralsenken
COSINK	counter sinking	Spitzsenken
TAP	tapping	Gewindeschneiden
BORE	boring	Bohrstangenbearbeitung

Demgegenüber sind die notwendigen Bestimmungsparameter, von kleinen Ausnahmen abgesehen, gleich. Diese bestimmenden Größen sind der Lochdurchmesser und die Lochtiefe. Sie werden mit Hilfe der Vokabeln DIAMET, als Abkürzung des englischen „diameter“ (Durchmesser), und DEPTH, vom englischen „depth“ (Tiefe) programmiert:

. . ., DIAMET, d, DEPTH, t, . . .

Die Durchmesserangabe dient zur Werkzeugauswahl oder zur Überprüfung bei durch Identnummer vorgegebenen Werkzeugen; die Tiefenangabe wird für die Berechnung der Werkzeugposition benötigt.

Zusätzlich kann in jedem Falle eine Angabe für den Spindelrücklauf erfolgen. Mit Hilfe einer Code-Zahl wird unterschieden zwischen Rückhub im Eilgang oder Vorschub mit oder ohne Verweilzeit, wobei die Spindel in der Drehrichtung umgekehrt angehalten oder ausgerichtet werden kann. Programmiert wird diese Spindelrücklaufangabe mittels der Vokabel SPIRET, abkürzend vom englischen „spindle retraction" (Spindel Rückschub);

. . ., SPIRET, g, . . .

wobei die verschiedenen Möglichkeiten durch die Code-Zahl g verschlüsselt werden. Diese Angabe kann entfallen, wenn der zu jeder Bearbeitungsdefinition festgelegte Normalfall des Rückhubs zur Anwendung gelangen kann. Neben diesen allgemein anwendbaren Modifikatoren der Bearbeitungsdefinitionen gibt es noch einige spezielle Angaben, die jeweils nur für eine Bearbeitungsart sinnvoll und zugelassen sind.

Die Bearbeitungsart „Bohren" (gekennzeichnet durch die Vokabel DRILL) beinhaltet normalerweise die Überprüfung des Verhältnisses Durchmesser zu Tiefe, um bei Überschreitung von karteimäßig festgelegten Grenzwerten Reversierbewegungen und Vorschubreduzierungen zu bestimmen. Diese Überprüfungen und Berechnungen lassen sich unterdrücken, indem man der Bearbeitungsdefinition die Vokabel NOREV, als Abkürzung des englischen „no reversal" (keine Reversierung) hinzufügt.

Für Spitzsenkungen wird in Zeichnungen nicht die Tiefe des kegeligen Loches angegeben, sondern der größte Durchmesser der Fase und der Fasenwinkel. Dementsprechend wird hier auch in der Bearbeitungsdefinition (COSINK) keine Tiefenangabe programmiert. Vielmehr beschreibt man die der Zeichnung entnehmbaren Daten mit den Vokabeln DIABEV und ANBEV, als Abkürzung des englischen „diameter of bevel" und „angle of bevel" (Fasendurchmesser und Fasenwinkel):

. . ., DIABEV, j, ANBEV, m, . . .

Eine Durchmesserangabe mittels DIAMET wird hierbei dann als Durchmesser der anzufasenden zylindrischen Bohrung gewertet.

Eine Sonderangabe ist auch für Bearbeitungsart „Gewindeschneiden“ (TAP) erforderlich. Zur Auswahl des richtigen Gewindeschneiders ist die Angabe des Gewindetyp als Code-Zahl hinter der Vokabel TAT, als Abkürzung des englischen „taping type“ (Gewindeart), und seiner Steigung mit der Vokabel PITCH, vom englischen „pitch“ (Gewindesteigung):

. . ., TAT, p, PITCH, h, . . .

wobei die Gewindearten metrisch normal, metrisch fein und Withworth unterschieden werden. In Abbildung 55 sind einige Beispiele für die verschiedenen Bearbeitungsdefinitionen gezeigt.

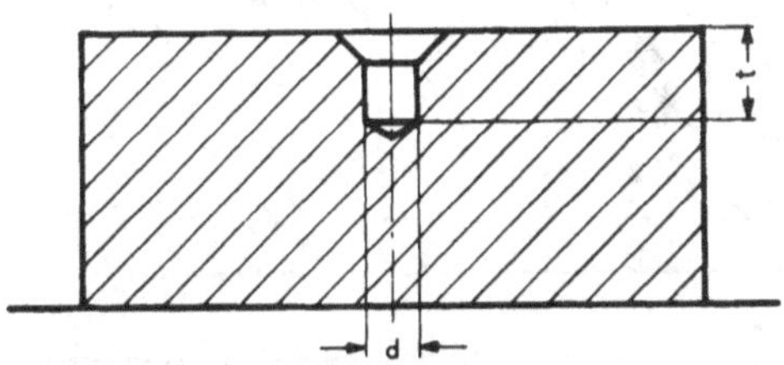

SB1=CDRILL/SO, DIAMET, d, DEPTH, t, FEED, s, SPEED, v

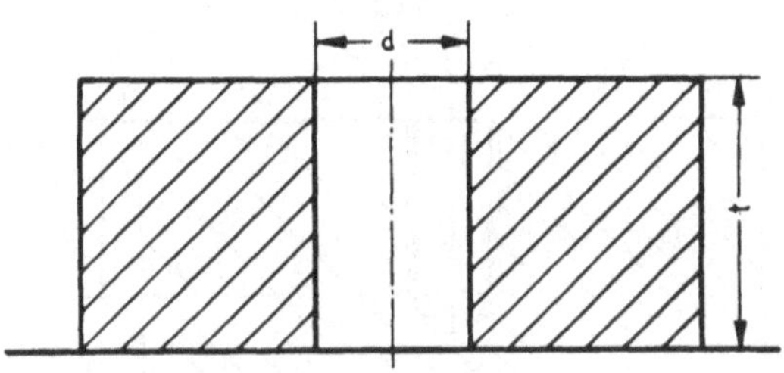

SB2=DRILL/SO, DIAMET, d, DEPTH, t, TOOL, e, f

Abb. 55. Bohrbearbeitungsdefinitionen nach [5]

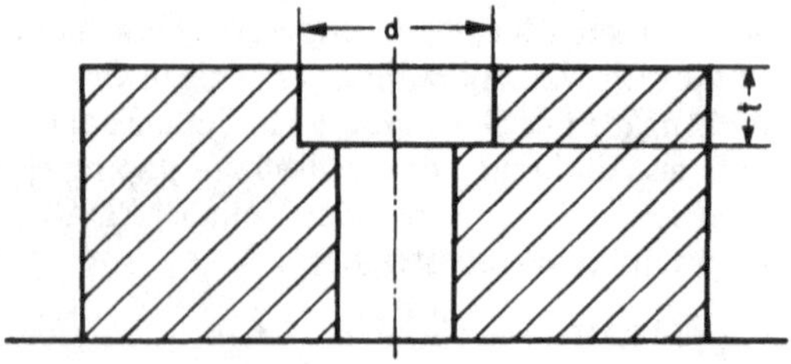

SB3=SINK/SO, DIAMET, d, DEPTH, t, SPIRET, g

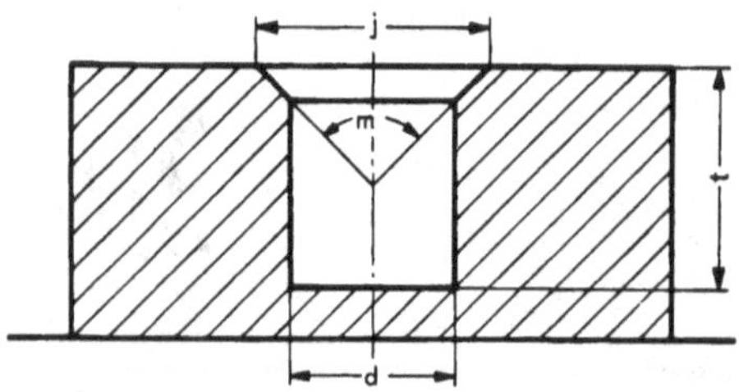

SB4=COSINK/SO, DIABEV, j, ANBEV, m. DIAMET, d

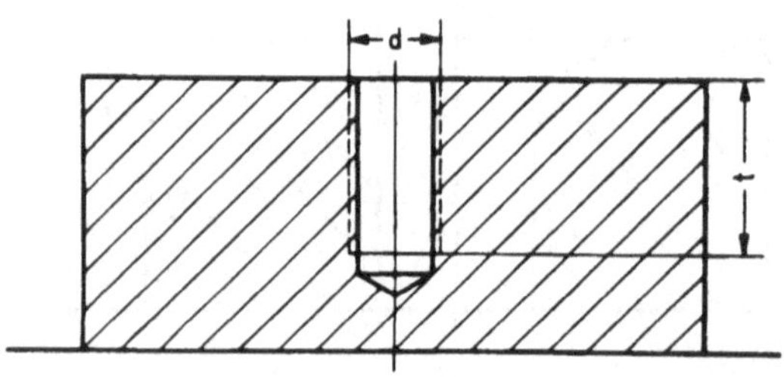

SB5=TAP/SO, DIAMET, d, DEPTH, t, TOOL, e, f

Abb. 55. Bohrbearbeitungsdefinitionen nach [5] (Forts.)

Neben den Definitionsanweisungen für Einzelbearbeitungen gibt es für die Bohrbearbeitung auch Aussagen, die es gestatten, Arbeitszyklen zu definieren. Sie sind dadurch gekennzeichnet, daß sie die Vokabel SO nicht enthalten. In Abbildung 56 sind die möglichen Arbeitszyklen und die zugehörigen vom Rechner ermittelten Einzeloperationen aufgeführt. Außerdem zeigt die Abbildung den jeweiligen Endzustand der Bearbeitungsstelle für ein Durchgangs- und Sackloch.

Bohren (DRILL)	Spiral- oder Stirnsenken (SISINK oder (SINK)	Reiben (REAM)	Gewinde-schneiden (TAP)
Stirnsenken Zentrieren 1. Vorbohren 2. Vorbohren Fertigbohren Spitzsenken	Stirnsenken Zentrieren 1. Vorbohren 2. Vorbohren Spiralsenken Spitzsenken	Stirnsenken Zentrieren 1. Vorbohren 2. Vorbohren Vorsenken Spitzsenken Reiben	Stirnsenken Zentrieren 1. Vorbohren 2. Vorbohren Spitzsenken Gewinde- schneiden

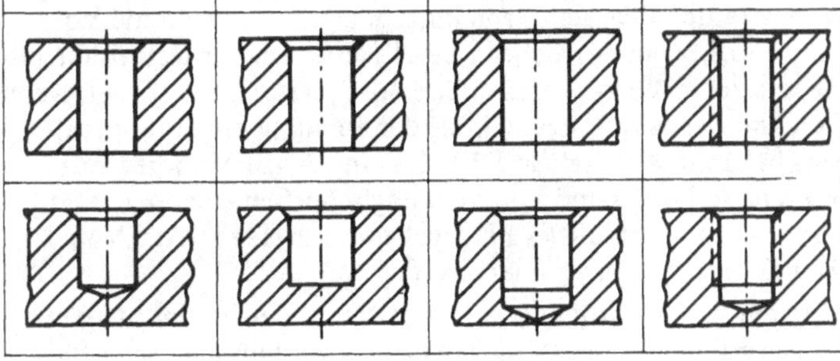

Abb. 56. Einzeloperationen der Arbeitszyklen und Endbearbeitungszustand

Die einzelnen Bearbeitungsgänge werden allerdings nicht generell ausgeführt; sie werden vielmehr aufgrund bestimmter Angaben in der Definition dem gesamten Arbeitszyklus zugefügt.

Das Stirnsenken vor der eigentlichen Bearbeitung erfolgt immer dann, wenn im Teileprogramm angegeben wurde, daß das Werkstück eine rauhe Oberfläche (z. B. Gußhaut) hat. Diese Angabe erfolgt in der bereits erläuterten PART-Anweisung durch die Vokabel RAW, vom englischen „raw" (rauh):

PART/RAW

Eine Zentrierbearbeitung erfolgt, wenn in der Arbeitszyklusdefinition durch die Vokabel TOLPO, abkürzend für „tolerance of position" (Lage toleriert), angegeben wird, daß die Lage der Bearbeitungsstelle toleriert ist.

Die Vorbohroperationen vor der Endbearbeitung, die durch das Hauptwort der Definition gegeben ist, werden in Abhängigkeit von dem Durchmesser der Endbearbeitung hinzugefügt. Als Vergleichskriterium dienen Werte, die, einmal in Form einer Kartei aufbereitet, dem Übersetzerprogramm zugeführt werden.

In der Definition des Arbeitszyklus kann man angeben, ob an der Bearbeitungsstelle ein Anfasen zur Entgratung oder eine maßhaltige Spitzsenkung durchgeführt werden soll. Eine Anfasung wird den Bearbeitungen hinzugefügt, wenn man die Vokabel BEVEL, vom englischen „bevel" (Fase) in der Definition aufführt. Eine maßlich programmierbare Spitzsenkung erfolgt, wenn Durchmesser und Spitzenwinkel der Senkung mit Hilfe der bereits bekannten Vokabeln DIABEV und ANBEV vorgegeben werden. Anfasung und Spitzsenkung schließen einander gegenseitig aus, d. h. wird BEVEL gegeben, so dürfen DIABEV und ANBEV nicht programmiert werden.

Generell für alle Arbeitszyklen gilt, daß weder bestimmte Werkzeuge (mit der Vokabel TOOL) noch Vorschub und Schnittgeschwindigkeit (mit den Vokabeln FEED und SPEED) programmiert werden dürfen. Der Sinn der Arbeitszyklen ist ja gerade, daß diese Bestimmungen von Teilbearbeitungen, Werkzeugen und Schnittwerten vollständig vom Übersetzerprogramm vorgenommen werden. Abschließend sind in der Tabelle 3 alle Definitionen für die Bohrbearbeitung tabellarisch zusammengestellt.

Hauptworte		Modifikatoren	SO	DIAMET d	DEPTH t	TOOL e,f	FEED s	SPEED v	SPIRET g	NOREV	TOLPO	BLIND l	BEVEL	DIABEV j	ANBEV m	TAT p	PITCH h
Einzelbearbeitungen	Zentrieren	CDRILL	●	❶	○	❷	○	○	○	—	—	—	—	—	—	—	—
	Bohren	DRILL	●	●	●	○	○	○	○	○	—	○	—	—	—	—	—
	Reiben	REAM	●	●	●	○	○	○	○	—	—	○	—	—	—	—	—
	Spiralsenken Stirnsenken	SISINK SINK	●	●	●	○	○	○	○	—	—	○	—	—	—	—	—
	Spitzsenken	COSINK	●	❶	—	❷	○	○	○	—	—	○	—	●	●	—	—
	Gew. schn.	TAP	●	●	●	❶	—	○	○	—	—	○	—	—	—	❷	❷*
	Bohrstange	BORE	●	●	●	●	●	●	○	—	—	○	—	—	—	—	—
	Fräsen	MILL	●	●	●	●	●	●	—	—	—	—	—	—	—	—	—
Arbeitszyklen	Bohren	DRILL	—	●	●	—	—	—	○	—	○	○	①	②	②	—	—
	Reiben	REAM	—	●	●	—	—	—	○	—	○	○	①	②	②	—	—
	Spiralsenken Stirnsenken	SISINK SINK	—	●	●	—	—	—	○	—	○	○	①	②	②	—	—
	Gew. schn.	TAP	—	●	●	—	—	—	○	—	○	○	①	②	②	●	●*

Die mit 1 oder 2 gekennzeichneten Modifikatoren schließen sich gegenseitig aus.

Die mit 2 gekennzeichneten Modifikatoren dürfen nur zusammen angegeben werden.

● ❶ } Modifikator m u ß angegeben werden.

○ Modifikator k a n n angegeben werden.

* Angabe darf für metrische Normalgewinde entfallen.

Tab. 3. Zusammenstellung der Bohrbearbeitungsdefinitionen nach [5]

7.2.2. Definitionen für die Drehbearbeitung

Für die Bearbeitung auf Drehmaschinen unterscheidet man die zentrische Innenbearbeitung und die allgemeine Innen- und Außenbearbeitung mit Drehmeißeln. Für die zentrische Innenbearbeitung gelten die gleichen Bearbeitungsdefinitionen wie für die Bohrbearbeitung, so daß sie hier nicht betrachtet werden. Die Bearbeitung mit Drehmeißeln wird durch eine maschinelle Schnittaufteilung im Übersetzerprogramm unterstützt. Diese Schnittaufteilung zielt darauf ab, den durch die Roh- und Fertigteilbeschreibung gegebenen zu zerspanenden Bereich abzuarbeiten. Die Abarbeitung, die im allgemeinen mehrere Schnitte, d. h. eine Schnittaufteilung erfordert, kann nach unterschiedlichen Strategien erfolgen. Diese verschiedenen Strategien werden durch die zwei verschiedenen Hauptworte TURN und CONT, vom englischen „turning" und „contouring" (Drehen und Konturdrehen) gekennzeichnet.

Der Begriff Drehen (oder die Definition TURN) umfaßt hier einengend nur die Drehoperationen, bei denen Spanabnahmen durch geradlinige Vorschubbewegungen erfolgen, wie in Abbildung 57 gezeigt ist.

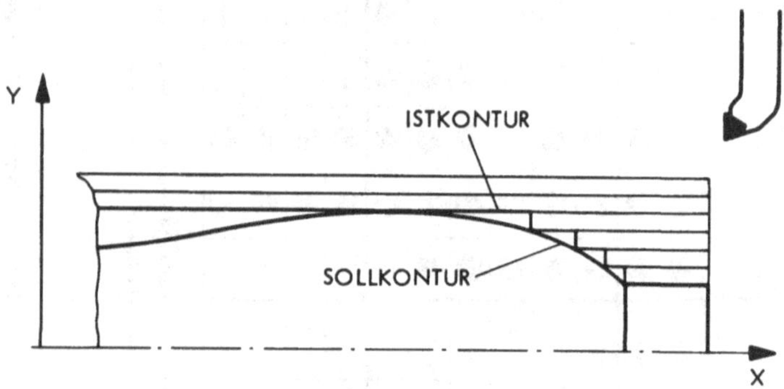

Abb. 57. Zerspanungsstrategie Drehen mit fester Vorschubrichtung nach [6]

Daraus resultiert, daß die Fertigteilkontur mit der Vorschubrichtung oder der Lage der Hauptschneide des Drehmeißels übereinstimmen muß, wenn sie völlig freigelegt werden soll.

Der Begriff Konturdrehen (oder das Hauptwort CONT) umfaßt dagegen die Bearbeitungen, bei denen die Vorschubbewegungen beliebigen Kurvenformen (im Rahmen der Konturbeschreibung) folgen können. Die Strategie des Konturdrehens unterscheidet, ob eine Hauptvorschubrichtung angegeben ist oder nicht. Ist keine Hauptvorschubrichtung angegeben, so verfährt das Werkzeug, wie in Abbildung 58 gezeigt, auf äquidistanten Bahnen zur Fertigteil- oder Sollkontur. Ist dagegen eine Hauptvorschubrichtung vorgegeben, so zerspant das Werkzeug durch Vorschub in dieser Richtung, wie es Abbildung 59 zeigt, bis zum Erreichen der Sollkontur,

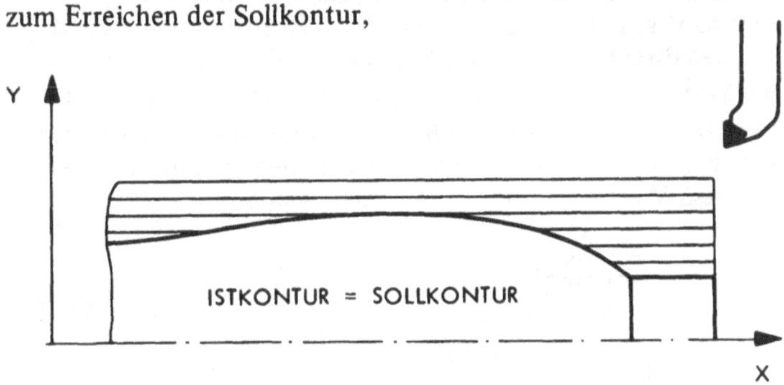

Abb. 58. Zerspanungsstrategie Konturdrehen ohne Hauptvorschubrichtung nach [6]

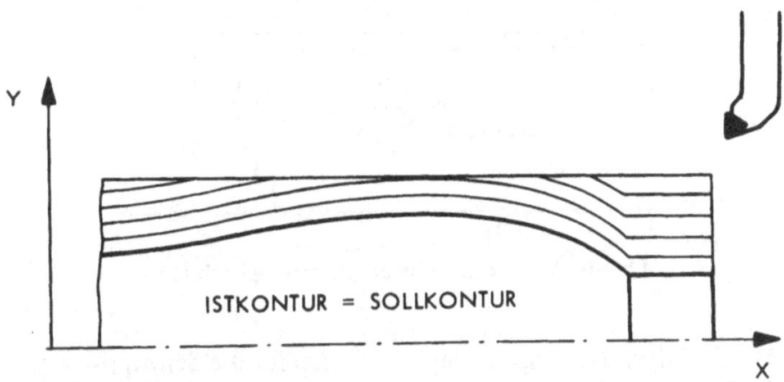

Abb. 59. Zerspanungsstrategie Konturdrehen mit Hauptvorschubrichtung nach [6]

um dieser dann zu folgen. Wird hierbei die maximal zulässige Schnitttiefe erneut erreicht, erfolgt die Spanabnahme wieder in Hauptvorschubrichtung.

Als grober Anhalt für die Anwendung der verschiedenen Schnittaufteilungsstrategien kann gelten, daß TURN für einfache geradlinige Konturen angewendet wird, CONT mit Angabe einer Hauptvorschubrichtung dient zum Vorschruppen von Konturdrehteilen und CONT ohne Angabe einer Hauptvorschubrichtung wird zum Schlichten von Konturdrehteilen benutzt. Zur Angabe der Vorschubrichtung stehen mehrere Möglichkeiten zur Auswahl. Die sehr häufig gebrauchten achsparallelen Richtungen längs und quer können direkt mit Hilfe der Vokabeln LONG und CROSS, vom englischen „long" und „cross" (längs und quer) programmiert werden. Es können aber auch, wie in Abbildung 60 dargestellt, beliebige Winkel der von den geometrischen Definitionen her bekannten Vokabel ATANGL festgelegt werden:

```
      LONG
. . ., CROSS      , . . .
      ATANGL, w
```

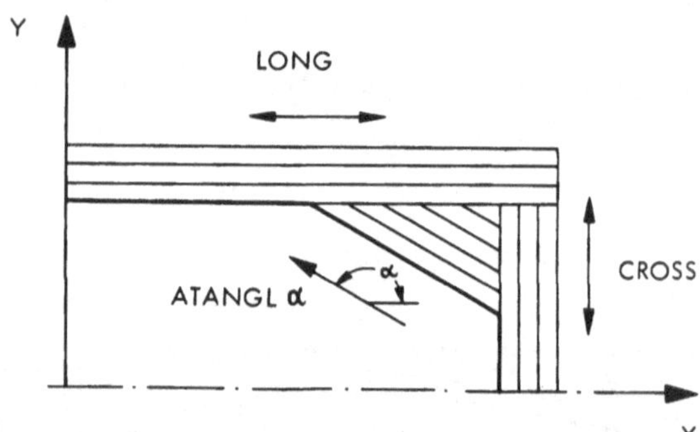

Abb. 60. Angabe der Vorschubrichtung nach [6]

Alle Schnittaufteilungsstrategien können für die Schrupp-, Schlicht- und Feinschlichtbearbeitung benutzt werden. In der Bearbeitungsdefinition muß daher, mit den schon aus der

Konturbeschreibung bekannten Vokabeln, die Bearbeitungsgüte programmiert werden:

ROUGH
..., FIN ,...
FINE

Durch diese Angabe werden Aufmaße für nachfolgende Bearbeitungen höherer Oberflächengüte berücksichtigt und die maschinelle Schnittwertermittlung beeinflußt.

Die Bearbeitungsmöglichkeiten eines Drehmeißels sind, durch seine Schneidengeometrie bedingt, begrenzt. Eine Veränderung der möglichen Vorschubrichtungen kann man erreichen, indem man das gesamte Werkzeug in seinem Halter schwenkt. So kann ein Plandrehwerkzeug durch Schwenkung um 90° zum Längsdrehen verwendet werden und umgekehrt. Die Lage des Werkzeuges ist also entscheidend für seinen Einsatzbereich und muß daher programmiert werden, was mit Hilfe der Vokabel SETANG, abkürzend für „setting angle" (Anstellwinkel) erfolgt:

..., SETANG, w, ...

Abschließend sind in Abbildung 61 Beispiele zu den Definitionen der Drehbearbeitung zusammengestellt.

7.2.3. Definitionen für die Fräsbearbeitung

Die Fräsbearbeitungen unterteilt man grob in Verfahren mit und ohne Bahnzerlegung. Mit dem Begriff der Bahnzerlegung bezeichnet man Fräsoperationen, bei denen Bereichszerspanung innerhalb einer berandenden Kontur, senkrecht zur Werkzeugachse d. h. in der x-y-Ebene, erforderlich ist. Hierunter fällt sowohl das Ausfräsen von Taschen als auch das Herausarbeiten von Erhebungen durch Abspanen des umliegenden Materials. Diese Form der Fräsbearbeitung wird durch das Hauptwort FACMIL, als Abkürzung des englischen „face milling" (Flächenfräsen), gekennzeichnet. Im Gegensatz dazu steht das reine Abfahren einer vorgegebenen Kontur mit einem Werkzeug, wobei allerdings mehrfach dieselbe Bahn in verschiedenen Z-

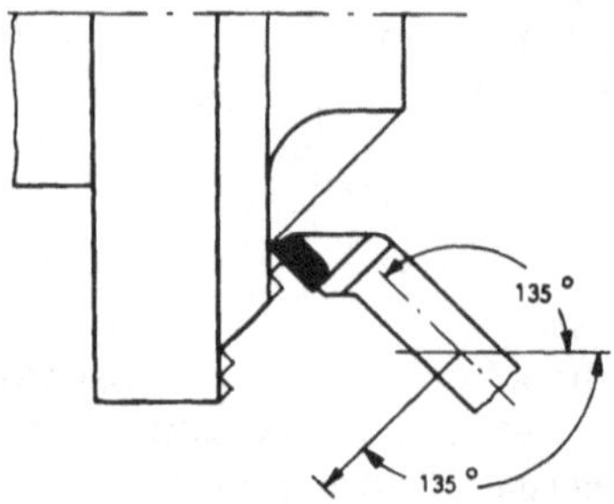

SD1=TURN/SO, ATANGL, -135, TOOL, 1111,1, SETANG, 135, ROUGH

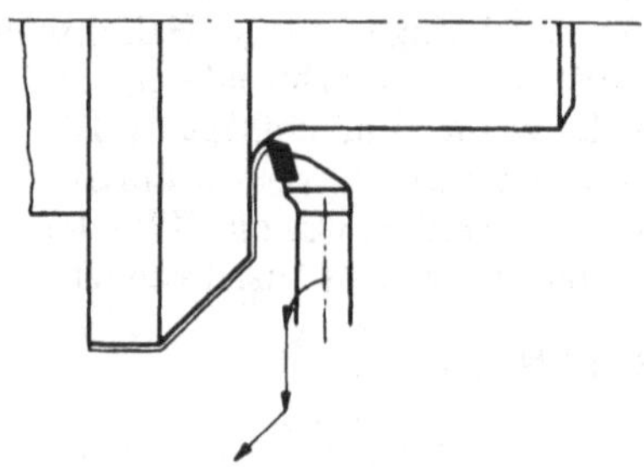

SD2=CONT/SO, TOOL, 2222, 2, SETANG, 90, FIN, OSETNO, 1

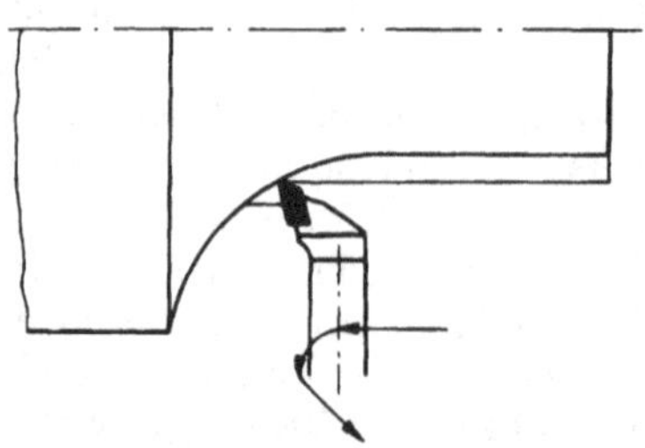

SD3=CONT/SO, LONG, TOOL, 3333, 3, SETANG, 90, ROUGH

Abb. 61. Drehbearbeitungsdefinitionen nach [6]

Höhen (z. B. bei tiefen Nuten) durchlaufen werden kann. Für diese Art der Fräsbearbeitung wurde der Begriff CONMIL, als Abkürzung des englischen „contour milling" (Konturfräsen), geprägt.

Beiden Bearbeitungsdefinitionen gemeinsam ist die Erweiterung der Angaben bezüglich der Vorschubbewegung. Bei den Fräsoperationen erfolgt im allgemeinen zuerst eine Zustellung des Werkzeuges auf die geforderte Bearbeitungstiefe, bevor durch Bewegung senkrecht zur Werkzeugachse die gewünschte Kontur oder Tasche freigelegt wird. Hierfür wird man auch unterschiedliche Vorschübe wählen, die auch getrennt programmierbar sein müssen. Obschon die Tiefenzustellung der Vorschubbewegung bei Bohroperationen entspricht, hat man die Vokabel FEED zur Programmierung des Bahnschubes in der x-y-Ebene gewählt, weil dies die Hauptvorschubbewegung bei Fräsbearbeitungen darstellt. Die demgegenüber relativ seltenen Vorschubbewegungen in Richtung der Werkzeugachse werden mit Hilfe der Vokabel DIPFED, als Abkürzung des englischen „dipping feedrate" (Eintausch-Vorschub), angegeben:

. . ., DIPFED, sz, . . .

Alternativ kann auch durch die Vokabel DIPRAP, als Abkürzung des englischen „dipping rapid" (Eintausch-Eilgang), Eilgang für die Z-Bewegungen gefordert werden.

Eine weitere Angabe im Zusammenhang mit der Fräsbearbeitung bezieht sich auf die Kombination von Vorschubbewegung und Werkzeugdrehrichtung. Die beiden möglichen Kombinationen, die mit Gegen- und Gleichlauffräsen bezeichnet werden, können mittels der Vokabeln UPCUT und DWNCUT, vom englischen „upward cutting" und „downward cutting" (Gegen- und Gleichlauffräsen) ausgewählt werden. Ferner muß, in Analogie zu den Definitionen der Drehbearbeitung, die zu erzielende Bearbeitungsgüte durch die bereits bekannten Vokabeln ROUGH, FIN und FINE angegeben werden.

Für den Bahnversatz zweier benachbarter Fräsbahnen bei Flächenfräsoperationen und für die Vorgabe der Eingriffsverhältnisse, die im Übersetzerprogramm zur Schnittwertermittlung verwendet werden, ist es erforderlich, die Eingriffsbreite zu programmieren. Dies erfolgt mittels der Vokabel SWATH, vom englischen „swath“ (überdecken):

. . ., SWATH, td, . . .

wobei mit td eine prozentuale Eingriffsbreite, bezogen auf den Werkzeugdruchmesser, angegeben wird.
Die bis hierher erläuterten Modifikatoren sind gleichermaßen anwendbar sowohl für Flächen- wie Konturfräsen. Die möglichen Angaben zum Konturfräsen sind damit vollständig aufgeführt, die nachfolgend zu erläuternden Beschreibungsmöglichkeiten gelten ausschließlich für Flächenfräsoperationen, die mit dem Hauptwort FACMIL definiert werden. An erster Stelle ist hierbei das Paar von sich gegenseitig ausschließenden Vokabeln zu nennen, womit man die gewünschte Zerspanungsstrategie auswählt. Möglich ist eine mäanderförmige Folge von Werkzeugbewegungen, wie sie in Abbildung 62 für eine quadratische Tasche gezeigt ist.

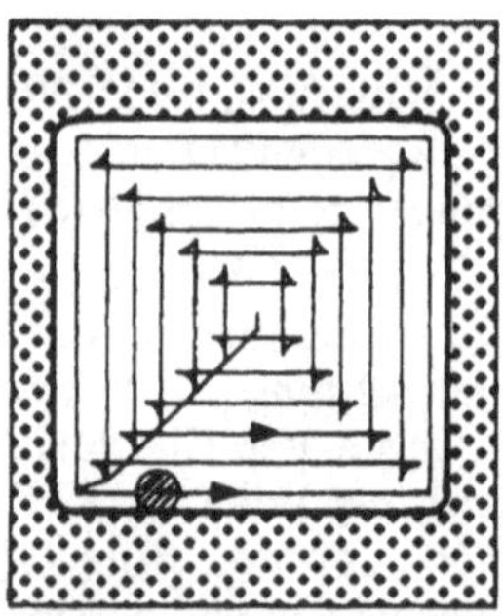

Abb. 62. Bahnzerlegungsstrategie MEANDR nach [7]

Diese Zerspanungsstrategie oder Bahnzerlegung, wie es in der Fachsprache heißt, wird durch die Vokabel MEANDR, als Abkürzung des englischen „meander“ (mäandrisch), gefordert. Die in Abbildung 62 gezeigten Überlappungsbewegungen an den Ecken sind erforderlich, um die bei einfachem Ausfahren der Ecken verbleibenden Materialzwickel zu vermeiden.

Die Alternative zur mäandrischen Bahnzerlegung ist die zickzackförmige Zerspanungsstrategie. Sie wird durch die Vokabel ZIGZAG, vom englischen „zigzag" (Zickzack), programmiert. Die daraus resultierenden Werkzeugbahnen sind in Abbildung 63 ebenfalls für eine quadratische Tasche gezeigt.

Abb. 63. Bahnzerlegungsstrategie ZIGZAG nach [7]

Diese Art der Bahnzerlegung erfordert die Angabe einer Vorschubrichtung, unter der die einzelnen Bewegungen des Zickzack-Musters erfolgen. Hierfür werden die Vokabeln XPAR, YPAR und ATANGL verwendet:

```
       XPAR
. . ., YPAR       , . . .
       ATANGL, w
```

so daß auch hier analog zu der Definition der Drehbearbeitung die sehr häufig anzutreffenden achsparallelen Bewegungen vereinfacht beschrieben werden können.

Wie aus den Abbildungen 62 und 63 ersichtlich ist, wird entlang der Berandung ein konturparalleler Schnitt durchgeführt. Im Falle der mäandrischen Bahnzerlegung erfolgt dieser Konturschnitt am Anfang des Bewegungsablaufes, da das Mäander von außen nach innen durchlaufen wird. Im Falle der Zickzack-Bahnzerlegung kann man den Konturschnitt sowohl am Anfang als auch am Ende der Bewegungsfolge ausführen. Hierzu werden die Vokabeln INCRES und DECRES, als Abkürzung des englischen „increasing“ und „decreasing“ (wachsend und schrumpfend), verwendet:

$$\ldots, \begin{Bmatrix} \text{INCRES} \\ \text{DECRES} \end{Bmatrix}, \ldots$$

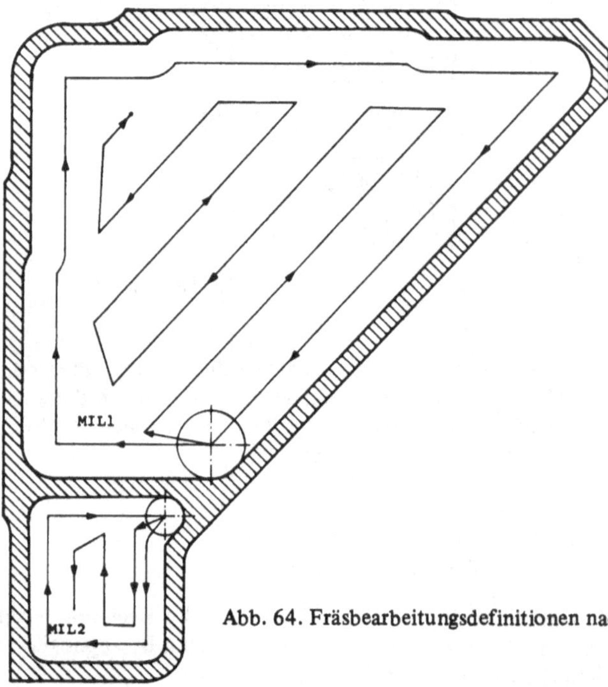

Abb. 64. Fräsbearbeitungsdefinitionen nach [7]

```
MIL1=FACMIL/SO, ZIGZAG, TOOL, 118, DECRES, ROUGH, SWATH,
     80, ATANGL, 57
MIL2=FACMIL/SO, ZIGZAG, TOOL, 110, DECRES, ROUGH, SWATH,
     80, ATANGL, -90
```

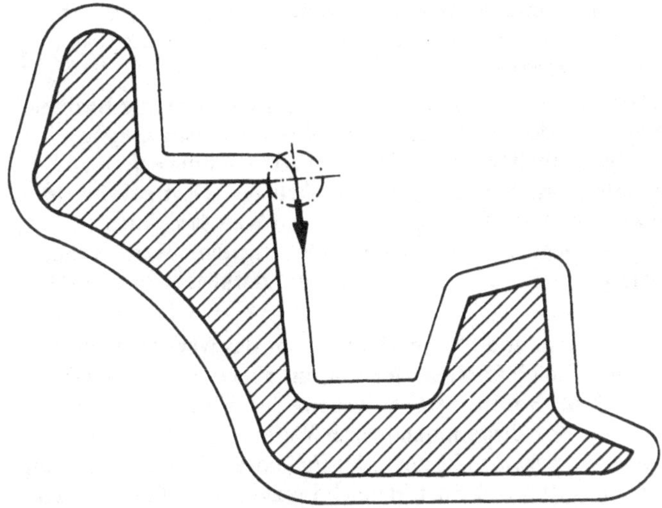

CMIL=CONMIL/SO, TOOL, 1012, SWATH, 90, ROUGH, UPCUT

Abb. 64. Fräsbearbeitungsdefinitionen nach [7] (Forts.)

wobei mit DECRES der Konturschnitt an den Anfang des Bewegungsablaufes gelegt wird. Abschließend sind in Abbildung 64 Beispiele für die verschiedenen Bearbeitungsdefinitionen der Fräsbearbeitung gezeigt.

8. Exekutive Sprachaussagen

Programmiersprachen für die numerische Werkzeugmaschinensteuerung dienen dem Zweck, eine Zerspanungsaufgabe in symbolischer Form zu beschreiben. Diese Zerspanungsaufgaben werden durch zeitlich aufeinanderfolgende Bewegungen von Werkzeugen gelöst, wofür der Steuerung der Werkzeugmaschine entsprechende Kommandos zugeführt werden müssen. Diese Kommandostruktur, d. h. die Abhängigkeit des gewünschten

Arbeitsergebnisses von entsprechenden Bearbeitungsbefehlen, spiegelt sich in der Programmiersprache in den exekutiven Anweisungen wider.

So erfordern Bohroperationen die Aktivierung einer Bearbeitungsdefinition, in der die auszuführende Zerspanung in allen Einzelheiten durch Vorgabe von Durchmesser, Tiefe, Vorschub und Schnittgeschwindigkeit festgelegt ist. Zusätzlich ist der Aufruf von Positionen am Werkstück erforderlich, um festzulegen, wo die Bearbeitung ausgeführt werden soll. Hierzu dienen Aufrufanweisungen für definierte Punkte oder Punktmuster.

Bei der Dreh- und Fräsbearbeitung hat das Werkzeug einen höheren Freiheitsgrad in der Vorschubbewegung. Deshalb ist es für die kontrollierte Bewegung des Werkzeugs erforderlich, mittels Fahrkommandos das Werkzeug längs definierter Bahnen bewegen zu können. Im Falle der Bereichszerspanung müssen nicht nur die den Bereich berandenden Konturen vorgegeben werden. Bei unterschiedlichen Zerspanungsstrategien müssen auch die jeweils erforderlichen Konditionen aufrufbar gemacht werden.

Im Gegensatz zu den definierenden Sprachaussagen, die im Hauptteil der Anweisung eine Symbolzuweisung als Namensgebung für den Wiederaufruf enthalten, bestehen die exekutiven Sprachaussagen im Hauptteil lediglich aus dem grob klassifizierendem Hauptwort.

8.1. Geometrische Exekutivanweisungen

Die grundlegende Idee der Sprachen der APT-Familie ist die Beschreibung einzelner Werkzeugwege zur Festlegung des Bearbeitungsvorganges auf der Werkzeugmaschine. Es ist mit Sicherheit zum großen Teil auf dieses Konzept der Werkzeugwegbeschreibung zurückzuführen, daß diese Sprachen eine so weite Verbreitung gefunden haben, denn man erreicht dadurch eine weitgehende Universalität und Flexibilität bezüglich der beschreibbaren Fertigungsaufgaben. Allerdings darf andererseits nicht verschwiegen werden, daß dieses Prinzip auch einen hohen Beschreibungsaufwand erfordert, weshalb man an mehreren Stellen den ursprünglichen Sprachumfang von APT um komplexere Aussagemöglichkeiten erweitert hat, wobei dann allerdings geometrische und technologische Exekutivanweisungen verknüpft werden müssen.

Die rein geometrisch orientierten Exekutivanweisungen beinhalten ausschließlich Aussagen über die einzelnen Bewegungen, die von dem zu programmierenden Werkzeug auszuführen sind. Sie werden daher auch häufig als Bewegungsanweisungen bezeichnet. Innerhalb der Bewegungsanweisungen unterscheidet man die Positionieranweisungen einerseits und die Fahr- oder Bahnanweisungen andererseits.

Der Begriff der Positionierung (eines Werkzeugs) beinhaltet, daß über die Bahnkurve, auf der die anzufahrende Position erreicht wird, keine zuverlässigen Angaben gemacht werden können. Diese Art der Bewegungsanweisungen entspricht demnach dem Steuerungstyp „Punktsteuerung".

Der Begriff der Fahr- oder Bahnanweisungen, die im englischen Sprachgebrauch auch häufig fälschlich als Bewegungsanweisungen („motion commands") bezeichnet werden, beinhaltet dagegen, daß die Bahnkurve des programmierten Werkzeugweges präzise vorschreibbar und daher (innerhalb der festlegbaren Toleranz) genau eingehalten wird. Diese Art der Werkzeugwegbeschreibung ist daher im allgemeinen nur durch den Steuerungstyp „Bahnsteuerung" zu verwirklichen.

8.1.1. Positionieranweisungen

Die Positionieranweisungen spezifizieren nur den Punkt, auf den ein Werkzeug, oder genauer ein ausgezeichneter Referenzpunkt des Werkzeuges (meist die Werkzeugspitze), eingefahren werden soll. Es ist daher für diese Art der Bewegung unerheblich, welche Form das Werkzeug hat, da man über eine feste Konvention bezüglich des Referenzpunktes verfügt, dessen Positionierung programmiert wird.

Dagegen ist es üblicherweise erforderlich, den Ausgangspunkt aller Bewegungen zu beschreiben, obwohl die Bewegung des Werkzeuges dorthin nicht im Programm beschrieben werden kann, weil ja dann der Ausgangspunkt ein anderer wäre. Dieser zur Etablierung definierter Anfangsbedingungen erforderliche Ausgangs- oder Startpunkt wird mit der Vokabel FROM, vom englischen „from" (von), angegeben, wobei sowohl der Aufruf eines definierten Punktes durch sein Symbol als auch die Angabe einer Position durch ihre Koordinaten erfolgen kann:

```
      sp
FROM/ x, y
      x, y, z
```

Die einfachste Form der Positionierung eines Werkzeuges beschreibt die neue Position als Lageänderung bezüglich des vorhergehenden Ortes. Da diese Beschreibungsart die Umsetzung von Kettenmaßen einer Zeichnung in Werkzeugbewegungen darstellt, nennt man sie die inkrementale Positionieranweisung. Zur Angabe dieser Positionsänderung wird die Vokabel GODLTA, als Abkürzung des englischen „go delta" (gehe Inkrement) verwendet. Die Angabe der Größe der Positionsänderungen erfolgt immer durch Zahlenwerte. Eine vereinfachende Form erlaubt die Angabe einer Bewegung durch einen Zahlenwert, was eine Bewegung in Achsenrichtung des Werkzeuges bedeutet:

```
GODLTA/ dx, dy, dz
        dz
```

Hierbei wird stillschweigend davon Gebrauch gemacht, daß die Werkzeugachse üblicherweise mit der Z-Achse des Koordinatensystems zusammenfällt.

Das Gegenstück zur inkrementalen Positionierung ist die absolute Angabe des Zielpunktes der Werkzeugbewegung. Hiermit können Absolutmaße, d. h. Maße die auf einen festen Ursprung bezogen sind, direkt angegeben werden. Ferner ist der Aufruf von Punkt- und Punktmustersymbolen möglich. Die Programmierung der anzufahrenden Position erfolgt durch die Vokabel GOTO, vom englischen „go to" (gehe zu), wobei in Analogie zu der Punktdefinition durch Koordinatenwerte, der Z-Wert der anzufahrenden Position weggelassen werden kann:

```
        sp
GOTO/x, y
        x, y, z
```

In diesem Fall wird die Z-Höhe der Position aus der derzeit gültigen ZSURF-Anweisung bestimmt, wie es auch für Punktdefinitionen im Abschnitt 7.1.1 beschrieben ist.

Eine eingehende Erläuterung benötigt die Aufrufform für Punktmuster. Die Bewegung eines Werkzeuges zu mehreren Punkten eines Musters durch einen Aufruf ist normalerweise nur sinnvoll, wenn Sorge getragen ist, daß das Werkzeug – meist ein Bohr- oder Stanzwerkzeug, – an jeder einzelnen Position des Punktmusters eine Operation verrichtet. Dies wird z. B. durch vorherigen Aufruf einer Bohrbearbeitungsdefinition bewirkt. Neben dem einfachen Aufruf eines Punktmusters

GOTO/spm

gibt es die bereits in Abschnitt 7.1.3 beschriebenen Modifikationen zur Aussonderung und/oder Änderung der Zählfolge. Zusätzlich ergibt sich teilweise die Notwendigkeit, zwischen einzelnen Punkten eines Musters Hindernisse wie Spannmittel oder Werkstückwände zu umfahren. Um dies ohne Aufteilung eines Musters in mehrere, getrennt zu definierende und aufzurufende Teilmuster zu ermöglichen, ist in den absoluten Positionsanweisungen die Angabe einer Hindernisumfahrung gestattet. Diese Angabe erfolgt nach allen etwaigen Modifikationen des Punktmusters mit der Vokabel AVOID, vom englischen „avoid" (vermeide) und verlangt die Angabe einer Hindernis-Höhe dz (um die das Werkzeug angehoben wird) und eines Punktindex i (hinter dem das Anheben auszuführen ist):

GOTO/spm, AVOID, dz, i

Ein Beispiel für die Anwendung dieser Hindernisbeschreibung zeigt Abbildung 65.

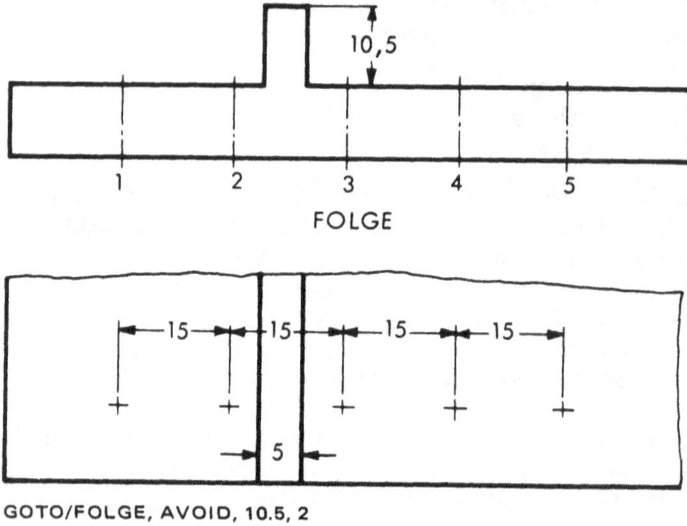

Abb. 65. Umfahrung von Hindernissen nach [5]

Mehrere Hindernisse gleicher Höhe können durch Aufreihung von Punktindizes oder durch verkürzende Schreibung mittels der Vokabel THRU erfolgen. Hindernisse unterschiedlicher Höhe können durch Wiederholung der gesamten Kette, einschließlich der Vokabel AVOID, beschrieben werden. Abschließend sei darauf hingewiesen, daß die Bezugnahme der Indizes auf das Punktmuster uneinheitlich gehandhabt wird. Während in EXAPT die angegebenen Indizes, auch bei Veränderung der Zählfolge im Aufruf durch INVERS, als Zählung entsprechend der ursprünglichen Folge betrachtet werden, ist in APT genau das Gegenteil der Fall, d. h. hier muß man die Indizes für die Hindernisumfahrung nach eventuellen Änderungen der Zählfolge festlegen.

8.1.2. Bahnbewegungsanweisungen

Das kontrollierte Verfahren eines Werkzeugs auf einer räumlichen oder ebenen Bahnkurve erfordert, im Gegensatz zu den

Positionieranweisungen, eine detaillierte Vorstellung von den zu beschreibenden Bewegungsabläufen. Vergegenwärtigt man sich die rein geometrische Seite des Problems der Werkzeugmaschinenprogrammierung, so ist es erforderlich, die Lageänderungen eines (Werkzeug-) Körpers im Arbeitsraum der Werkzeugmaschine beschreibbar und dadurch kontrollierbar zu machen. Hierfür bieten sich sicherlich viele Lösungswege an; die für APT gewählte und von den anderen Vertretern der APT-Familie übernommende Beschreibungsform benutzt hierfür die Kombination von drei Flächen, an die das Werkzeug tangieren muß. Diese Methode der Bewegungsbeschreibung durch drei Flächen ist in Abbildung 66 dargestellt.

Dieses Beschreibungsverfahren basiert auf der Vorstellung, daß ein (rotationssymmetrisches) Werkzeug mit seiner Stirngeometrie (oder Spitze) auf der zu erzeugenden Werkstückober-

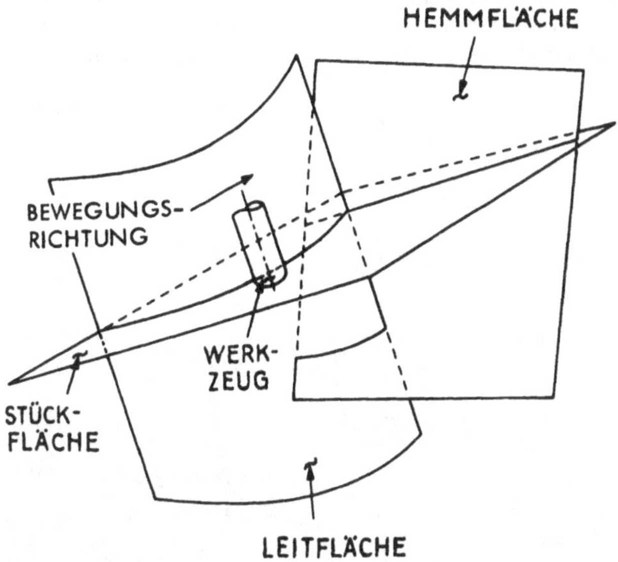

Abb. 66. Bahnführung des Werkzeuges durch drei tangierende Flächen nach [2]

fläche aufliegt und mit der Mantelgeometrie entlang einer bewegungsführenden Fläche gleitet, bis es eine bewegungsbegrenzende Fläche berührt. Eine prägnante Übersetzung der englischen Bezeichnungen dieser Flächen ist aufgrund der zunehmenden Akzeptierung der Orginalausdrücke nicht einfach; sie soll trotzdem versucht werden.

Deutlich abgeleitet von der Aufgabe der Zerspanung von Werkstücken ist die englische Bezeichnung „part surface", die die stirnseitige Begrenzung für die Werkzeuglage darstellt; sie kann mit „Stückfläche" übersetzt werden. Die bewegungsführende Fläche wird englisch „drive surface" genannt, was man als „Leitfläche" eindeutschen kann. Die Bewegungsbegrenzung erfolgt durch die (englisch) sogenannte „check surface", wofür man den deutschen Ausdruck „Hemmfläche" setzen kann.

Wie man aus Abbildung 66 ersehen kann, setzt diese Art der Bahnführung des Werkzeuges voraus, daß bestimmte Vorstellungen über die Form des Werkzeuges selbst bestehen. Ferner geht aus der Darstellung hervor, daß die Werkzeugform – ab-

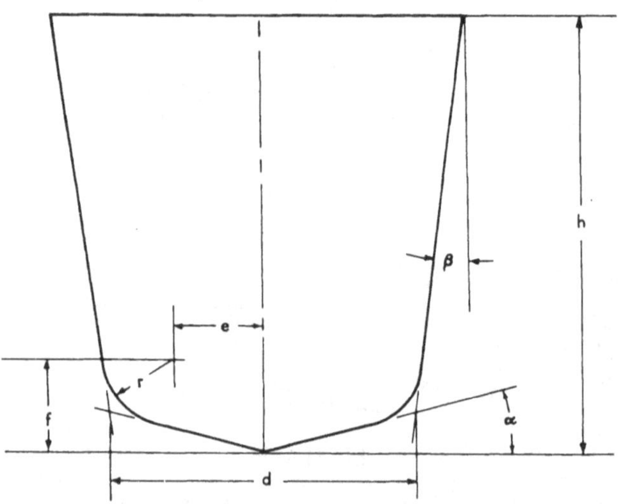

Abb. 67. Umriß des vorgebbaren Werkzeugs nach [2]

geleitet von dem ursprünglichen Fertigungsverfahren Fräsen – rotationssymmetrisch angenommen wird. Somit läßt sich die für die Werkzeugbahnberechnung erforderliche Beschreibung der Werkzeugform auf die Angabe der Rotationskontur beschränken. Allerdings kann man auch hier nicht jede beliebige Kontur vorgeben, sondern es liegt ein festes geometrisches Bild des Werkzeugumrisses vor, dessen einzelne Maße programmierbar sind. Die Form dieses Umrisses, der aus maximal drei nach Lage und Größe verschiedenen Abschnitten bestehen kann, ist in Abbildung 67 dargestellt.

Die zugehörige Anweisung enthält sieben Zahlenwerte, deren Bedeutung in Abbildung 66 ebenfalls aufgeführt ist:

CUTTER/d, r, e, f, α, β, h

Zwei vereinfachte Formen der Werkzeugbeschreibung sind speziell für Schaftfräser mit scharfer Ecke, Eckenradius und Kugelkopf vorhanden. Abbildung 68 zeigt die Umrißformen als auch die zugehörigen Anweisungen.

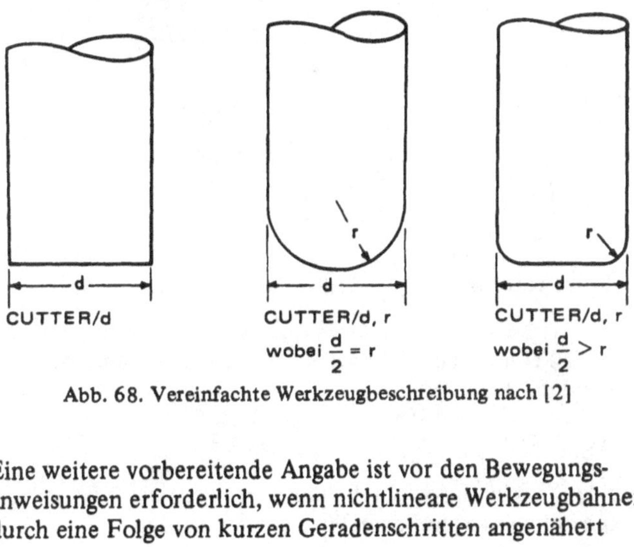

Abb. 68. Vereinfachte Werkzeugbeschreibung nach [2]

Eine weitere vorbereitende Angabe ist vor den Bewegungsanweisungen erforderlich, wenn nichtlineare Werkzeugbahnen durch eine Folge von kurzen Geradenschritten angenähert werden. In APT und 2CL erfolgt diese lineare Approximation bereits für kreisförmige Bewegungen und allgemein ist sie für andere Kegelschnitte und sonstige nichtlineare Bahnbewegungen erforderlich. Es handelt sich um die Angabe der Toleranzgrenzen, innerhalb derer die Werkzeugbahnen von der theoretischen Bahnform abweichen dürfen. Diese maximalen Abweichungen können getrennt je ein Toleranzband zur Materialrichtung und außerhalb der Sollkontur festlegen. Hierfür stehen die beiden Vokabeln INTOL und OUTTOL, abkürzend für die englischen Ausdrücke „inner tolerance" und „outer tolerance" (innere Toleranz und äußere Toleranz) zur Verfügung:

INTOL/ti
OUTTOL/ta

Die hieraus resultierenden linearisierenden Werkzeugbahnen längs einer gekrümmten Werkstückfläche sind in Abbildung 69 gezeigt.

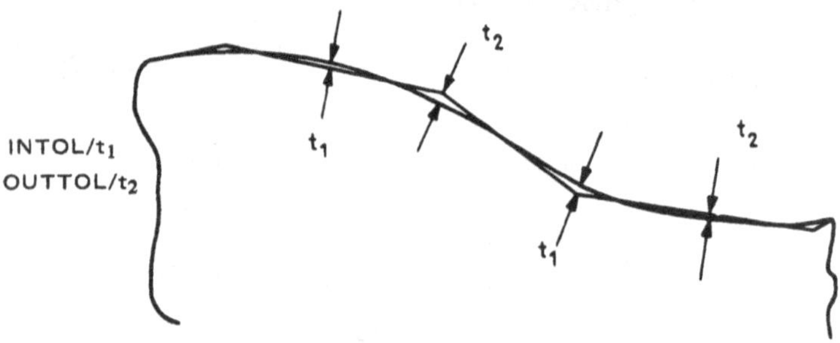

Abb. 69. Toleranzvorgabe für linearisierte Werkzeugbahnen nach [13]

Für den Fall eines symmetrischen Toleranzbandes kann man vereinfachend die Anweisung

TOLER/tia

verwenden, wodurch sowohl die innere als auch die äußere Toleranz auf den angegebenen Wert gesetzt werden.

Wenn durch die beiden vorstehend beschriebenen Anweisungen alle erforderlichen Angaben zur Berechnung von Werkzeugwegen vorliegen, kann die eigentliche Beschreibung der Werkzeugbewegungen erfolgen. Hierzu müssen zuerst definierte Anfangsbedingungen geschaffen werden. Man spricht bei diesem Vorgang auch davon, daß das Werkzeug „in Toleranzkontakt" mit den bewegungsführenden Flächen gebracht werden muß. Die hierfür erforderliche Anweisung beginnt mit der Vokabel GO, vom Englischen „go" (gehe), und kann bis zu drei Flächen aufrufen, zu denen das Werkzeug in eine definierte Lage gebracht werden soll:

```
      TO          TO          TO
GO/   ON  , so1,  ON  , so2,  ON  , so3
     PAST        PAST        PAST
```

Zwischen den in Abbildung 66 gezeigten Flächen und den in der GO-Anweisung anzugebenden (durch die Symbole so1, so2 und so3 repräsentierten) Flächen besteht folgende Reihenfolgezuordnung:

so1 Leitfläche (drive surface),
so2 Stückfläche (part surface),
so3 Hemmfläche (check surface).

Die den Flächensymbolen vorangestellten Modifikatoren TO, ON bzw. PAST, vom Englischen „to", „on" bzw. „past" (an, auf bzw. hinter), beschreiben die geforderte Position, die das Werkzeug bezüglich der jeweiligen Fläche einnehmen soll. Die relativen Begriffe „vor", „auf" bzw. „hinter" beziehen sich auf die aus der Anweisung resultierenden Werkzeugbewegung. Abbildung 70 zeigt die drei möglichen Endpositionen des Werkzeuges bezüglich einer Fläche. Die Darstellung muß als Blick von oben auf das Werkzeug interpretiert werden. Bei den zugehörigen Sprachaussagen handelt es sich jeweils um einen sogenannten „Ein-Flächen-Start", der als vereinfachte Form der allgemeinen GO-Anweisung möglich ist. Aufgrund der fehlenden Flächenangaben in dieser Anweisungsform, wird zur Bestimmung der Werkzeugposition an der Fläche der Punkt gesucht, der die kürzeste Bewegung ergibt.

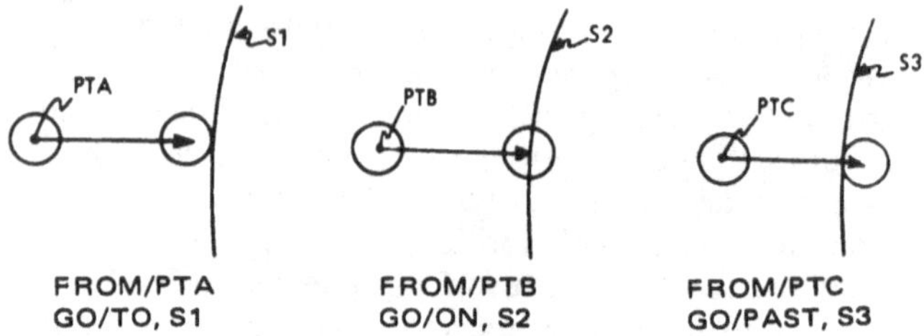

Abb. 70. Modifizierung der Position bei Bahnbewegungen nach [2]

Eine dritte Form der GO-Anweisung, der sogenannte „Zwei-Flächen-Start", ermöglicht es, neben dem, wiederum auf dem kürzesten Wege aufgesuchten, Toleranzkontakt zur Leitfläche die Stückfläche für die nachfolgenden Bewegungen zu programmieren:

```
      TO          TO
GO/   ON  , so1,  ON  , so2
      PAST        PAST
```

Diese hier beschriebenen Anweisungen zur Positionierung des Werkzeugs an räumlichen Flächen hat nur in der dreidimensionalen Sprache APT volle Bedeutung. In den anderen Vertretern der APT-Familie sind diese Aussagen auf zwei Dimensionen beschränkt, was sich entweder durch Unterdrückung der Stückfläche (EXAPT) oder formale Überstimmung mit der einschränkenden Auflage, daß als Stückflächen nur Ebenen parallel zur x-y-Ebene zugelassen sind (2CL).

Auf die möglichen Mehrdeutigkeiten bei mehrfachen Schnittlinien der Flächen oder bestimmten Ausgangspositionen des Werkzeuges kann hier nicht näher eingegangen werden. Als Abhilfe in diesen Fällen können durch zusätzliche Anweisungen Bewegungsrichtungen vorgegeben werden, mit deren Hilfe unerwünschte Positionen ausgesondert werden. Desgleichen kann die Stückfläche, die im Ein-Flächen-Start auch nicht angegeben ist, mit einer separaten Anweisung programmiert werden.

Die vorstehend beschriebenen Anweisungen, die allgemein als Start- oder Anfangsanweisung (für kontinuierliche Bahnbewegungen) bezeichnet werden, bewirken zwei verschiedene Dinge: Zum einen wird das Werkzeug in Toleranzkontakt mit der Leit- und Stückfläche gebracht, zum anderen wird eine Bewegungsrichtung etabliert, auf die sich nachfolgende Bewegungsanweisungen beziehen können. Hierbei wird das Relationsprinzip verwendet, das schon anläßlich der Darstellung der Konturbeschreibung im Abschnitt 7.1.5 erläutert wurde. Hierbei werden die relativen Begriffe „vorwärts", „rechts", „links" und „rückwärts" verbunden mit dem Bewegungskommando „gehe" zu den Vokabeln GOFWD, GORGT, GOLFT und GOBACK.

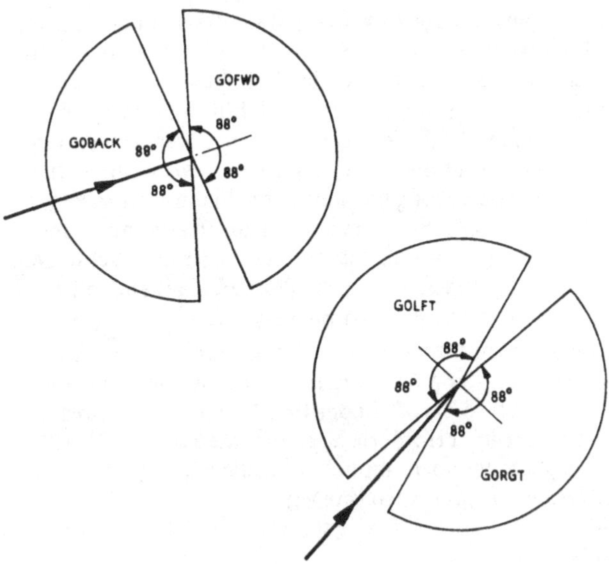

Abb. 71. Angabe der Richtungsänderung nach [13]

Bezugsrichtung für die Bewegung ist die Richtung der vorhergehenden Bewegung, so daß man genau genommen von einer Beschreibung der Richtungsänderung sprechen muß. Diese Relation ist auch in Abbildung 71 deutlich zu erkennen.

Ferner ist dieser Abbildung zu entnehmen, daß jeweils ein sehr großer Bereich der wahlweisen Anwendung je zweier der möglichen Richtungsangaben vorhanden ist. Die gesamte Anweisung, in ihrer einfachsten Form, erfordert zusätzlich die Angabe einer Leitfläche:

GOFWD
GORGT
GOLFT / so
GOBACK

Sie ist in dieser Form auch nicht eigenständig aussagefähig, sondern setzt voraus, daß entweder eine Startanweisung der Form GO/ . . . oder eine gleichartige Anweisung vorausgegangen ist, und daß eine gleichartige Anweisung oder die noch zu beschreibende abschließende Bewegungsanweisung folgt. Man spricht deshalb auch von der „fortsetzenden Bahnbewegungsanweisung" (engl.: intermediate motion command). Eine andere Bezeichnungsart unterstreicht die Tatsache, daß in dieser Anweisung keine Hemmfläche für die Bewegung gegeben wird, und nennt sie deshalb Bahnbewegung mit impliziter Hemmfläche (engl.: implied checksurface). Die Konvention zur Bestimmung der Hemmfläche ist einfach die, daß die Leitfläche der nachfolgenden Bewegung gleichzeitig Hemmfläche der vorhergehenden ist, da ja der Toleranzkontakt gewahrt bleiben muß.

Nicht so einfach zu bestimmen ist dagegen die Position, in der das Werkzeug von der einen Leitfläche auf die nächste überwechselt, d. h. ob es TO, ON oder PAST gehemmt werden soll. Hierzu ist zusätzlich erforderlich, einmal die Lage des Werkzeuges bezüglich der abzufahrenden Flächen anzugeben, was mit Hilfe einer der drei Anweisungen

TLLFT
TLRGT
TLON

erfolgt, die abkürzend für die englischen Begriffe „tool left", „tool right" und „tool on" (Werkzeug links, rechts, auf) steht. Aus den beiden Angaben Werkzeug links, rechts oder auf der Fläche einerseits und dem Richtungskommando rechts, links, vorwärts oder rückwärts der nachfolgenden Anweisung andererseits wird der aus Tabelle 4 entnehmbare Positions-Modifikator ermittelt. Die bisher nur aus geometrischen Definitionen bekannte Vokabel TANTO, vom englischen „tangent to" (tangierend an), bedarf einer Erläuterung. Beim Schnitt zweier Leitflächen, auch wenn es sich um z. B. zwei Geraden handelt, die sich unter einem spitzen Winkel schneiden, läßt sich immer zwischen den Positionen vor, auf und hinter unterscheiden. Bei tangentialer Berührung, z. B. zwischen Gerade und Kreis, dagegen sind diese Begriffe nicht anwendbar, weil der einzige mögliche Punkt gleichzeitiger Berührung der beiden Flächen durch das Werkzeug der Tangentialpunkt ist. Zur Beschreibung dieser speziellen Situation wird die Vokabel TANTO verwendet; bzw. kann die Richtungsangabe GOFWD oder GOBACK bei impliziter Hemmfläche nur für tangentiale Übergänge verwendet werden.

	GOFWD	GORGT	GOLFT	GOBACK
TLLFT	TANTO	PAST	TO	TANTO
TLRGT	TANTO	TO	PAST	TANTO
TLON	TANTO	ON	ON	TANTO

Tab. 4. Implizierte Endpositionen bei Leitflächenwechsel

Aus dem vorstehend Beschriebenen und anderen, hier nicht näher erläuterten Übergangskonditionen muß gefolgert werden, daß diese fortsetzende Bahnbewegungsanweisung nicht der Regelfall ist, der gegebenenfalls bei schwierigen Situationen präzisiert werden muß, es handelt sich vielmehr um die, nur auf einfache Fälle anwendbare, Vereinfachung der normalerweise erforderlichen Angaben. Diese beinhalten neben der Angabe der Leitfläche auch noch die Hemmfläche und die Hemm-Bedingung:

```
GODWD            TO
GOLFT            ON
GORGT  / so1,    PAST    , so2
GOBACK           TANTO
```

Mit Hilfe dieser Anweisungsform, die man als die „beendende Bahnbewegungsanweisung" (terminal motion command) bezeichnet, kann nicht nur das Ende der Bewegung entlang einer Kontur von führenden Flächen festgelegt werden; sie muß auch immer dann angewandt werden, wenn der in Tabelle 4 zusammengestellte Automatismus der Übergangsbedingungen nicht zutreffend ist.

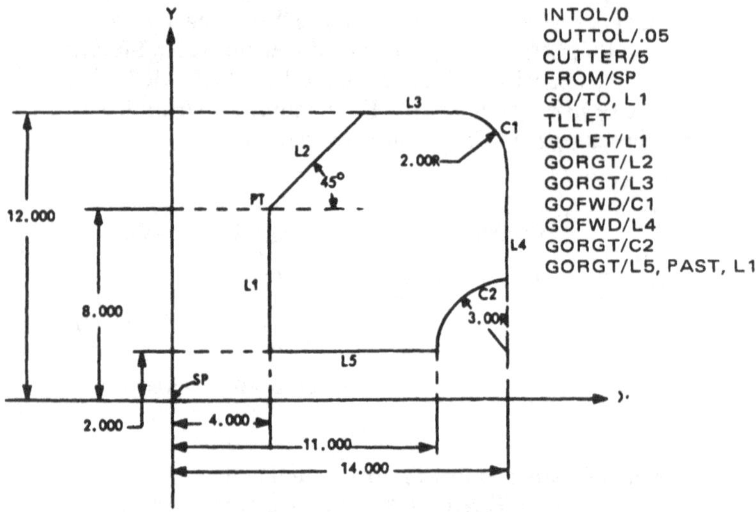

Abb. 72. Anwendungsbeispiel für Bahnbewegungsanweisungen nach [2]

Die zweite in der obigen Anweisung aufgeführte Fläche so2 ist die (bewegungsbeendende) Hemmfläche. Obwohl es nicht ausdrücklich gefordert wird, gilt im allgemeinen, daß diese Hemmfläche dann auch in der nächsten Bahnbewegungsanweisung die Leitfläche bildet. Diese Regel gilt allerdings nicht in den Fällen, wo die kontrollierte Bahnbewegung beendet wird, z. B. um das Werkzeug durch Positionierbewegungen in Wechselposition oder zur Ausgangsstellung für die nächste Bahnbewegung zu bringen.

Den Abschluß der Erläuterungen über bahntreue Bewegungen soll das Beispiel in Abbildung 72 bilden, das sich selbst erklärt.

8.2. Technologische Exekutivanweisungen

Obwohl an dieser Stelle über technologische Exekutivanweisungen gesprochen werden soll, muß zuerst noch einmal auf die geometrischen Exekutivaussagen eingegangen werden, um einen fundamentalen Unterschied herauszustellen. Die im vorstehenden Abschnitt beschriebenen Bewegungsanweisungen bewirken die Ermittlung einer Folge von Positionen, die ein Bezugspunkt des Werkzeuges nacheinander auf kontrolliertem Weg oder frei verfahrend erreichen soll. Die Berechnungsschritte, die zur Bestimmung dieser Werkzeugpositionen führen, sind festgelegt durch die Formeln der analytischen Geometrie bzw. durch iterative Näherungsverfahren. Sie werden deshalb auch in dem Prozessor, d. h. in dem Programmteil ausgeführt, der die Berechnungen unabhängig von den Eigenarten der zu programmierenden Werkzeugmaschine vornimmt.

Im Gegensatz hierzu stehen die Daten, mit denen der Zerspanungsvorgang gesteuert wird, die durch technologische Exekutivanweisungen programmierbar werden. Es handelt sich bei diesen Werten in erster Linie um zerspanungsbestimmende Werte von Vorschub und Schnittgeschwindigkeit. Diese Werte haben sich bisher einer exakten analytischen Ermittlung entzogen, weil das dafür nötige Rechenmodell einerseits mit Sicherheit zu aufwendig wäre und andererseits die zugrunde zulegende Mechanismen noch nicht eindeutig geklärt sind. Andererseits erwirbt jeder, der sich längere Zeit intensiv mit der spangebenden Fertigung beschäftigt, Erfahrungswerte, die zwar nicht immer das Optimum, bezogen auf das zerspante Volumen pro

Zeiteinheit oder die Zerspanungskosten, darstellen, die vielmehr den sicheren Ablauf der Bearbeitung garantieren.

Die logische Konsequenz aus dieser Tatsache war, daß in den ersten Entwicklungen der Programmiersprachen einzelne Exekutivanweisungen für die technologische Werte vorgesehen wurden, in denen der Teileprogrammierer die ihm zur Verfügung stehende Erfahrungswerte einsetzen konnte. Dieses Verfahren wurde unterstützt von den anfangs verfügbaren Werkzeugmaschinen, die zwar meist einen automatisch stellbaren Vorschubantrieb, seltener aber schon eine programmierbare Spindeldrehzahleinstellung hatten. An einen automatischen Werkzeugwechsel war ursprünglich kaum zu denken. Somit verblieb auch ein wesentlicher Teil der technologischen Werte der freien Entscheidung des Maschinenbedieners, d. h. des erfahrenen Facharbeiters, überlassen.

Das Zusammenwirken mehrerer Faktoren hat ein erneutes Überdenken des Komplexes der Programmierung der Technologie bewirkt. Hierzu gehören genauso die Erweiterung der automatischen Schalt- und Steuermechanismen auf Werkzeugwechsel, Werkstückspannvorgänge, wie die Erschließung von geometrisch einfachen Bearbeitungen, bei denen der zu erzielende Rationalisierungsvorteil in erster Linie die einfache Programmierbarkeit der technologischen Komponenten erforderlich machte.

Der Anspruch, für diese Situation eine adäquate Lösung anzubieten, kann nur für die Programmiersprache EXAPT erhoben werden. Diese Lösung besteht darin, daß man empirisch gefundene Werte in Form von Karteien für Werkzeuge, Zerspanungsbedingungen und Bearbeitungsrichtlinien einmal erfaßt und für den speziellen Anwendungsfall durch Anwendung der Verfahrenskonstanten in Berechnungsformeln reproduziert. Es wird hiermit der Rückgriff auf ein (nicht vorhandenes) allgemeines Rechenmodell der Zerspanung umgangen, ohne daß die notwendige Systematisierung der individuellen Schnittwerte verloren geht. Einfacher gesagt ist es schon als Vorteil gegenüber einer Schnittwertbestimmung aufgrund des individuellen Erfahrungsschatzes eines Programmierers zu betrachten, wenn durch schematisierte Rechenvorgänge immer wieder dieselben (möglicherweise falschen) Ergebnisse ermittelt werden, weil systematische Fehler durch Korrektur der Berechnungsparameter (in den Karteien) oder der Rechenmodelle (in den Prozessoren) beseitigt werden können.

Die Handhabung dieser Berechnungsautomatismen muß sich notwendigerweise an der individuellen Geometrie orientieren. Deshalb werden sie im nächsten Abschnitt als verknüpfende Exekutivaussagen behandelt. Die hier zu beschreibenden Sprachaussagen werden in EXAPT benötigt, wenn die maschinellen Ermittlungsverfahren außer Kraft gesetzt sind, und in den übrigen Vertretern der APT-Familie, um die technologischen Angaben programmierbar zu machen.

Eine weitere Schwierigkeit besteht darin, daß die hier zu beschreibenden Anweisungen üblicherweise mit den inhaltlich andersartigen Aussagen zur Aktivierung spezifischer Maschinenfunktionen einer bestimmten Werkzeugmaschine unter dem Begriff „Post-Prozessor-Anweisungen" zusammengefaßt werden, weil auf sie die gleichen Kriterien:

a) unveränderte Übernahme in die Zwischenausgabe (CLDATA)
b) freie Formatfestlegung durch den Postprozessor

zutreffen. Es soll dennoch versucht werden, aus der Vielzahl der verschiedenen gebräuchlichen Anweisungen den verfahrenbedingt erforderlichen Minimalsatz zu beschreiben.

Die erste technologische Exekutivaussage ist im allgemeinen die Aktivierung eines Werkzeuges. Hierzu wird die Vokabel TOOLNO als Abkürzung des englischen „tool number" (Werkzeug Nummer) verwendet:

TOOLNO/e, 1

wobei mit e eine das Werkzeug identifizierende Nummer angegeben wird und l die in Achsenrichtung zu verrechnende Voreinstellänge des Werkzeuges angibt. Alternative Formen der Aussage beinhalten die Angabe einer Magazinplatznummer f und/oder die Nummer eines Maßkorrekturschalters der Steuerung:

```
              e, f
    TOOLNO/e, OSETNO, no
              e, f, OSETNO, no
```

Ein aktiviertes Werkzeug muß bei Bohr- und Fräsoperationen in Rotation versetzt werden. Bei der Drehbearbeitung gilt dasselbe für das Werkstück. Hierfür wird in allen Fällen die Anweisung:

```
               CLW
            n, CCLW
    SPINDL / OFF
```

verwendet, wobei SPINDL abkürzend für das englische „spindle" (Spindel) steht. Die Vokabeln CLW bzw. CCLW geben die Drehrichtung mit oder gegen den Uhrzeigersinn (clockwise bzw. counter clockwise) an, wobei eine Blickrichtung für die verschiedenen Typen von Werkzeugmaschinen festgelegt ist, auf die sich der Drehsinn bezieht. Mit Hilfe der Vokabel OFF, vom englischen „off" (aus), wird das Stillsetzen der Spindel kommandiert.

Vor der Ausführung der ersten Bewegung muß auch noch die Vorschubgeschwindigkeit festgelegt werden, unter der diese Bewegung zu erfolgen hat. Hierbei wird unterschieden zwischen Eilgang- und Vorschubbewegungen. Bei Eilgangbewegungen wird, unabhängig von der Steuerungsart, die im Eilgang verfährt, ohne Koordinierung der Wege mehrerer Achsen verfahren. Dies bedeutet, daß auch Strecken- und Bahnsteuerungen Eilgangwege wie Punktsteuerungen verfahren. Diese Art der Verfahrweise wird mit der Vokabel:

```
    RAPID
```

vom englischen „rapid" (schnell), gefordert, was eine Anweisung darstellt, die nur aus einem Hauptwort besteht.

Ein einstellbarer Arbeitsvorschub, der bei bahngesteuerten Bewegungen auch in beliebigen Richtungen ausgeführt werden kann, wird mit der Vokabel FEDRAT, als Abkürzung des englischen „feedrate" (Vorschubgeschwindigkeit), vorgegeben:

FEDRAT/s

Die mit der Zahlenangabe verbundene Maßeinheit ist allerdings uneinheitlich. Der englische Sprachraum verwendet vorwiegend Zollmaße, und somit ist in APT und 2CL der Zahlenwert s die Angabe der Vorschubgeschwindigkeit in Zoll pro Minute. In EXAPT wird dagegen der Vorschub auf die Spindeldrehzahl bezogen, so daß hier die Zahl s den Vorschub pro Umdrehung (des Werkzeuges oder des Werkstückes) angibt. Die jeweils alternative Vorschubangabe ist auch möglich:

FEDRAT/s, PERMIN
FEDRAT/IPR, s

Durch die Vokabeln PERMIN bzw. IPR, abkürzend für das englische „per minute" bzw. „inches per revolution" (pro Minute bzw. Zoll pro Umdrehung) wird ein Vorschub in Meter pro Minute (PERMIN) in EXAPT bzw. in Zoll pro Umdrehung in APT und 2CL programmiert.

Die hier vorgestellten Anweisungen stellen das absolute Minimum der erforderlichen technologischen Exekutivanweisungen dar. Natürlich wird zur Programmierung der meisten Werkzeugmaschinen zusätzliches Vokabular benötigt, das aber aufgrund seiner Vielfalt und Beschränkung auf spezielle Maschinenfunktionen hier nicht weiter betrachtet werden kann.

8.3. Verknüpfende Exekutivanweisungen

In den zwei vorangegangenen Abschnitten wurde, entsprechend der historischen Entwicklung der Programmiersprachen für die numerische Werkzeugmaschinensteuerung, die Autonomie von Werkstückgeometrie und Bearbeitungstechnologie herausgestellt. Diese Trennung ist hauptsächlich deshalb möglich, weil sowohl in geometrischer als auch in technologischer Hinsicht elementare Einheiten durch Sprachaussagen beschrieben werden, so daß deren Zusammenspiel zum Bearbeitungsvorgang durch die wechselnde Folge der jeweils erforderlichen Aussage über den nächsten Verfahrweg oder die neuen Schnittwerte erfolgen kann.

Dieses Verfahren führt notwendigerweise zu einem hohen Beschreibungsaufwand, weshalb man nach Möglichkeiten gesucht hat, die Geometrieangaben auf die Beschreibung von Ausgangs- und Endzustand zu beschränken und die Technologieangaben durch Vereinheitlichung der Parameter zu systematisieren. Bei dieser Form der Problembeschreibung ist es dann erforderlich, geometrische Formen wie Punktmuster oder Konturen mit den zugehörigen Bearbeitungsstrategien wie Bohr-, Dreh- oder Fräsoperationen zu verknüpfen, um so den erforderlichen Zerspanungsvorgang einzuleiten.

Die formale Einheitlichkeit, unabhängig von den geometrischen und technologischen Bearbeitungsaufgaben, kommt zum Ausdruck durch die Verwendung von nur zwei Hauptworten, mit denen die verknüpfende Aktivierung der Definitionen erfolgt. So werden technologische Definitionen grundsätzlich mit der Vokabel WORK, vom englischen „work" (arbeite), aktiviert. Desgleichen erfolgt der Aufruf der Bearbeitungsstellen in jedem Falle mit der Vokabel CUT, vom englischen „cut" (schneide). Diese Übereinstimmung der Hauptworte ist allerdings nicht ein glücklicher Umstand, sondern sie resultiert aus der Tatsache, daß verknüpfende Exekutivanweisungen ausschließlich in den drei Sprachteilen von EXAPT zur Anwendung gelangen, wenn man den stark vereinfachten Sonderfall der Bereichszerspanung in 2CL nicht berücksichtigt.

Über die Gleichheit der Hauptworte hinaus ist die Anweisung zur Aktivierung technologischer Definitionen identisch für die drei unterschiedenen Definitionsarten Bohr-, Dreh- und Fräsdefinitionen:

```
        sb1, . . ., sbn
WORK/   sd1, . . ., sdn
        sf1 , . . ., sfn
```

wobei die Abkürzungen sb, sd und sf jeweils stellvertretend für einen symbolischen Namen einer Bohr-, Dreh- oder Fräsdefinition stehen. Man kann also gleichzeitig mehr als eine Bearbeitungsdefinition aktivieren. Die dann erforderliche Konvention über die Reihenfolge der Ausführung besagt, daß zuerst die erste aktivierte Definition (sb1, sd1 oder sf1) zur Anwendung gelangt und zwar an allen nachfolgend durch CUT-Anweisungen benannten Bearbeitungsstellen, die vor der nächsten WORK-Aussage oder dem Ende des Teileprogrammes auftreten. Anschließend wirkt dann die zweite Bearbeitungsdefininition wiederum auf alle Bearbeitungsstellen in der aufgeführten Reihenfolge und so fort, bis die letzte genannte Bearbeitung auf alle Bearbeitungsstellen angewandt wurde.

Diese Art der Verknüpfung von Bearbeitungsart und Bearbeitungsstelle ist allerdings teilweise unerwünscht, z. B. wenn die Bearbeitungsstellen weit auseinanderliegen und ein automatischer Werkzeugwechsel möglich ist, so daß kürzere Bearbeitungszeiten entstehen, wenn jede einzelne Bearbeitungsstelle fertig bearbeitet wird. Für diese alternative Form der Verknüpfung von Bearbeitungsart und -stelle muß lediglich ein zusätzlicher Modifikator in die WORK-Anweisung eingefügt werden:

```
           sb1, . . ., sbn
WORK/PH,   sd1, . . ., sdn
           sf1 , . . ., sfn
```

Die Vokabel PH steht als Abkürzung für den englischen Ausdruck „per hole" (pro Loch), woraus zu erkennen ist, daß dieser Begriff von der Punktbearbeitung abgeleitet und auf die anderen Bearbeitungsverfahren übertragen wurde. In Abbildung 73 wurde zur Erläuterung der beiden unterschiedlichen Bearbeitungsfolgen deshalb auch eine Bohroperation gewählt, wobei die Zwischenstadien der Bearbeitung unter Verwendung der Vokabel PH jeweils ein fertig bearbeitetes Loch mit Gewinde sind, wogegen im normalen Bearbeitungsverfahren zuerst alle Kernlöcher gebohrt werden.

Die durch eine WORK-Anweisung inkraftgesetzte Bearbeitungsdefinition wirkt solange, bis sie durch eine erneute WORK-Anweisung, die eine andere Bearbeitung aktiviert, abgelöst wird. In den Fällen, wo im Anschluß an eine Beschreibung von Bearbeitungen mittels WORK- und CUT-Anweisung, Operationen mit einzelnen Anweisungen wie TOOLNO, FEDRAT und SPINDL programmiert werden sollen, muß die zuletzt aktivierte Bearbeitungsart gelöscht werden können, ohne daß eine neue an ihrer Stelle aktiviert wird. Hierfür ist die Anweisung:

WORK/NOMORE

vorgesehen, wobei die Beendigung des Bearbeitungsverfahrens durch die Vokabel NOMORE, vom englischen „no more“ (nicht mehr), gekennzeichnet wird.

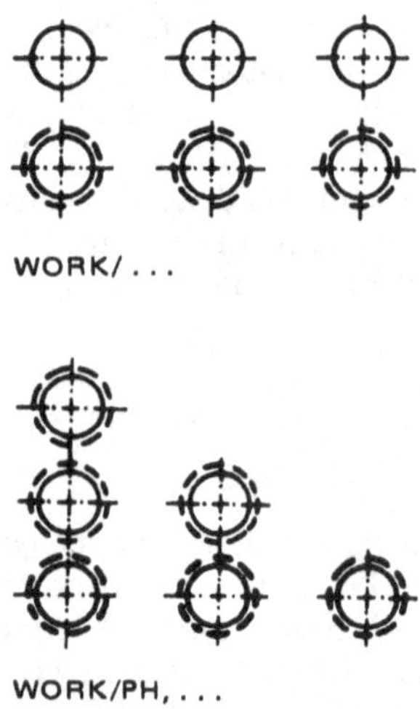

Abb. 73. Steuerung des Werkzeugwechsels nach [2]

Die Bearbeitungsstellenaufrufe haben im Gegensatz zum Bearbeitungsaufruf lediglich das Hauptwort CUT gemeinsam. Dies liegt hauptsächlich daran, daß unterschiedliche Geometrieangaben für die verschiedenen Bearbeitungsverfahren benötigt werden. Für Bohroperationen müssen Punkte und Punktmuster aufgerufen werden, die als Mittelpunkt des zu erzeugenden Loches auf der Werkstückoberfläche betrachtet werden. Für Dreh- und Fräsoperationen dagegen müssen Konturen oder Konturbereiche zur Zerspanung aufgerufen werden, die dann, gegebenenfalls durch Ausführung mehrerer Schnittbewegungen freigespant werden sollen.

Der Aufruf von punktförmiger Geometrie zur Ausführung von Bohroperationen erfolgt in Analogie zu den Positionsanweisungen, wie sie im Abschnitt 8.1.1 beschreiben wurden. Es können also sowohl Einzelpunkte als auch Punktmuster gerufen werden:

$$\mathrm{CUT}/{}^{\mathrm{sp}}_{\mathrm{spm}}$$

wobei aber nach erfolgter Positionierung auf dem Oberflächenpunkt die erforderlichen Arbeitsbewegungen in Achsenrichtung des Werkzeuges durchgeführt werden, um die geforderte Bohroperation auszuführen. Es versteht sich, daß bei Aufruf eines Punktmusters die Modifikatoren zum Aussondern von Punkten RETAIN und OMIT (siehe Abschnitt 7.1.3), zur Umkehrung der Zählfolge INVERS (siehe Abschnitt 7.1.3) und zur Umfahrung von Hindernissen AVOID (siehe Abschnitt 8.1.1) in gleicher Weise angewendet werden können.

Bei der Bearbeitung auf Drehmaschinen müssen zwei verschiedene Methoden der Zerspanung betrachtet werden. Das erste Bearbeitungsverfahren entspricht den üblichen Bohroperationen mit dem Unterschied, daß das Werkzeug stillsteht und das Werkstück rotiert. Für diese Operationen sind natürlich nur zentrische Lagen des Werkzeuges möglich, so daß die Achse des rotationssymmetrischen Werkzeuges in die Drehachse der Werkzeugmaschine und damit auch des Werkstückes zu liegen kommt. In diesem Falle ist eine Vorschubbewegung nur in Achsenrichtung möglich, wobei die Zerspanung ausschließlich innere Hohlräume im Werkstück erzeugt. Deshalb spricht man bei diesen Operationen von zentrischer Innenbearbeitung. Da die Tiefe dieser Bohroperationen bereits in der zugehörigen technologischen Definition programmiert wurde, ist im

Bearbeitungsstellenaufruf lediglich die Angabe des Bezugspunktes auf der Drehachse erforderlich, von dem aus die Bearbeitungstiefe zu messen ist. Dies erfolgt in der Anweisung

CUT/CENTER, x

wobei mit der bereits bekannten Vokabel CENTER zum Ausdruck gebracht wird, daß eine zentrische Innenbearbeitung stattfindet.

Das zweite Bearbeitungsverfahren, das auf Drehmaschinen überwiegend angewendet wird, ist die Zerspanung mit Hilfe von Drehmeißeln, die in zwei Achsen verfahren werden können. Mit diesen Werkzeugen und Verfahrmöglichkeiten können innerhalb der Grenzwinkel, die durch die Geometrie von Haupt- und Nebenschneide bestimmt sind, beliebige Konturen erzeugt werden. Deshalb besteht die hauptsächliche Geometriebeschreibung für die Drehbearbeitung in EXAPT2 aus der Vorgabe von Roh- und Fertigteil, wie es bereits im Abschnitt 7.1.4 ausführlich beschrieben wurde. Um nun eine der möglichen Zerspanungsstrategien, wie sie im Abschnitt 7.2.2 beschrieben wurden, auf einen Teil der Kontur des Fertigteiles anwenden zu können, muß der freizulegende Konturteil in dem Bearbeitungsstellenaufruf programmiert werden. Hierzu benutzt man zwei Konturmarkierungen, die Anfang und Ende des freizuspanenden Konturbereiches kennzeichnen. Da es sich bei den Drehteilkonturen um geschlossene Konturen handelt, wird durch Nennung von zwei Konturmarkierungen die gesamte Kontur in zwei Teile untergliedert. Zur Auswahl der gewünschten der beiden Teilkonturen verwendet man die Beschreibungsrichtung, wobei mit den Vokabeln TO und RE, vom englischen „to“ und „reverse“ (zu und entgegen)

$$\text{CUT/skm1, } \genfrac{}{}{0pt}{}{\text{TO}}{\text{RE}}\text{, skm2}$$

der von der Marke skm1 in Beschreibungsrichtung (TO) zur Marke skm2 führende Konturteil bzw. sein gegenläufiger Teil (RE) ausgewählt wird. Das Verarbeitungsprogramm wird aufgrund der Angabe von Bearbeitungsart und Bearbeitungsstelle alle notwendigen Verfahrbefehle und technologischen Anweisungen ermitteln, um das programmierte Konturstück möglichst vollständig freizulegen.

Zur eindeutigen Bestimmung der Werkzeugwege ist eine zusätzliche Angabe erforderlich, die aus dem Konturbeschreibungsverfahren resultiert. Als Werkstückkontur wird der Halbschnitt des rotationssymmetrischen Werkstückes mit der Halbebene positiver Y-Werte beschrieben. Die Bearbeitung selbst kann aber genausogut auf der gegenüberliegenden Seite erfolgen, d. h. an der Kontur, die durch Spiegelung der beschriebenen Kontur an der x-Achse entsteht. Mit Bezug auf die Blickrichtung des Bedieners, der vor der Drehmaschine steht, wird diese Auswahl mit Hilfe der Anweisung:

CUTLOC/ BEFORE
BEHIND

getroffen, wobei das Hauptwort abkürzend für das englische „cutter location" (Werkzeugposition) und die beiden Modifikatoren BEFORE und BEHIND, vom englischen „before" und „behind" (vor und hinter), die Lage des Werkzeuges bezüglich der Drehachse beschrieben.

Für Probleme der Fräsbearbeitung wird in EXAPT 3 keine vollständige Werkstückbeschreibung angeboten, wie es für die Drehbearbeitung in EXAPT 2 erfolgt. Vielmehr müssen die einzelnen Bearbeitungsstellen, wie auszuräumende Taschen oder zu umfräsende Inseln, jeweils als einzelne Konturen beschrieben werden. Aufgrund der zwei verschiedenen Interpretationsmöglichkeiten für eine Kontur als äußere (Taschen-) Begrenzung der Werkzeugwege oder als innere (Insel-) Begrenzung müssen mehrere verschiedene Aufrufformate vorgesehen werden. Zusätzlich ist es erforderlich, in den Bearbeitungsaufrufen die obere Z-Höhe vorzugeben, da in der Konturdefinition nur eine Bodenfläche durch die Angabe eines Z-Wertes festgelegt wird. Somit ist jeder Konturaufruf durch ein Symbol zusätzlich von der Angabe eines Zahlenwertes begleitet, der die Z-Höhe der

Deckfläche darstellt, die den Konturzylinder nach oben begrenzt. Der einfachste Konturaufruf hat daher folgende Form:

CUT/skt, zo

wobei die durch das Symbol skt aufgerufene Kontur als Berandung einer Tasche verstanden wird, die, von der hier angegebenen Ausgangshöhe zo beginnend, bis auf die Bodenhöhe abzuspanen ist, die bereits im Konturkopf bei der Definition als unterer Z-Wert zu angegeben wurde.

Sollen neben dieser umrandenden Kontur bei der Bestimmung der Werkzeugwege noch eine oder mehrere Inselkonturen berücksichtigt werden, die innerhalb der umfassenden Taschenkontur liegen, so sind diese in der CUT-Anweisung aufzuführen. In diesem Falle wird auch mit Hilfe der Vokabeln OUT und IN, vom englischen „out" und „in" (außen und innen), angezeigt, welche innerhalb des Zerspanungsbereiches als Inseln zu berücksichtigen sind:

CUT/OUt, skt1, zo1, IN, skt2, zo2, . . ., sktn, zon

wobei naturgemäß nur eine umfassende (OUT-) Kontur, aber mehrere eingebettete (IN-) Konturen zugelassen sind.

Die dritte Form des Konturaufrufes für Fräsoperationen bezieht sich ausschließlich auf Bewegungen entlang der Kontur, wobei die Werkzeuglage bezüglich der Kontur bereits während der Definition durch die Begrenzungsangaben RGTLIM, LFTLIM, ONLIM oder UNLIM festgelegt wurde. Für diese Art von Konturaufrufen kommen ausschließlich Konturfräsoperationen infrage, bei denen das Werkzeug ständig in Toleranzkontakt mit dem Konturzug verfährt. Hier ergibt sich teilweise die Notwendigkeit, daß nur bestimmte Bereiche einer längeren Kontur abgearbeitet werden, wodurch der Aufruf von Konturteilen erforderlich wird. Dies geschieht in Analogie zu den Konturaufrufen für die Drehbearbeitungen in EXAPT2 in der folgenden Form:

$$\text{CUT/skt, zo, skm1, } \begin{matrix}\text{TO}\\\text{RE}\end{matrix}\text{, skm2}$$

wodurch ausschließlich der durch die Konturmarkierungen skm1 und skm2 begrenzte Bereich, der bei geschlossenen Konturen durch Bezug auf die Beschreibungsrichtung mit den Vokabeln TO oder RE ausgewählt wird, abgefahren wird.

Für die Fräsbearbeitung bietet auch die Sprache 2CL spezielle Möglichkeiten der Bereichszerspanung mit automatischer Ermittlung der einzelnen Werkzeugwege innerhalb von Grenzen, die durch Konturen beschrieben werden. Allerdings müssen hier andere sprachliche Formulierungen als in EXAPT3 verwendet werden, um vergleichbare Zerspanungsaufgaben zu beschreiben.

Die Definition und der Aufruf der Bearbeitungsbedingungen erfolgt mit Anweisungen, die mit den technologischen Definitionen und deren Aktivierung durch eine WORK-Anweisung in EXAPT verwandt sind. Es fehlt allerdings der Bezug auf die Werkzeugdatei durch Angabe einer Werkzeugidentnummer. Auch eine Schnittwertermittlung anhand einer Werkstoffdatei ist nicht möglich, weshalb in jedem Falle Vorschub und Schnittgeschwindigkeit programmiert werden müssen. Als weitere Angaben müssen der Durchmesser des Fräsers und der Überdeckungsgrad als Bruchteil des Durchmessers (nicht in Prozent) angegeben werden:

sf = MIL/SO, DIAMET, d, SWATH, td, SPEED, v,
CUTFED, s

Die zur Beschreibung der Parameter verwendeten Vokabeln sind bis auf das Hauptwort MIL, das zur Unterscheidung von dem APT-Modifikator MILL nur mit einem L geschrieben wird, und dem Modifikator CUTFED für die Vorschubangabe bereits von der Beschreibung der Fräsbearbeitungsdefinitionen im Abschnitt 7.2.3 bekannt.

Die Aktivierung eines solchen Satzes von Bearbeitungsbedingungen erfolgt durch Aufruf des Definitionssymbols sf:

ACT/sf

wobei das Hauptwort sinngemäß verglichen werden kann mit der EXAPT-Vokabel WORK. Dementsprechend gelten so aktivierte Fräskonditionen bis zum Aufruf eines anderen Definitionssymboles oder bis es durch eine Anweisung

ACT/NOMORE

aufgehoben wird.

Genauso wie in EXAPT die CUT-Anweisung die Ausführung der Bearbeitungsoperationen durch die Ermittlung der einzelnen Werkzeugwege durch das Verarbeitungsprogramm bewirkt, muß in 2CL eine geometrisch orientierte Aufrufanweisung programmiert werden. Allerdings besteht hier keine Wahlmöglichkeit für das Verfahren der Werkzeugwegermittlung, wie es die verschiedenen Fräsbearbeitungsdefinitionen in EXAPT3 anbieten. Vielmehr erfolgt die Bereichszerspanung (engl. „area clearance") nach einem festem Verfahren, was der Zickzack-Zerspanung in EXAPT3 entspricht, wobei allerdings Hindernisse bzw. Inseln nicht umfahren, sondern überfahren werden. Dies erfordert natürlich, daß das Fräswerkzeug hinter jedem Hindernis erneut abtaucht. Die Anweisung, mit der diese Bereichszerspanung bewirkt wird, lautet im einfachstem Fall:

GOZIG/IN, skt

wenn der gesamte durch die Kontur skt begrenzte Bereich zerspant werden soll. Sind dagegen innerhalb dieses Bereiches Inseln zu berücksichtigen, so müssen deren Konturen wie folgt programmiert werden:

GOZIG/IN, skt1, OUT, skt2, . . ., sktn

Zu beachten ist, daß zwar die gleichen Vokabeln IN und OUT verwendet werden, um umfassende Konturen von Inseln zu unterscheiden, aber mit genau umgekehrter Bedeutung, weil sie hier nicht die Lage der Konturen zueinander, sondern die gewünschte Lage des Werkzeugs bezüglich der Kontur beschreiben.

Neben dieser Bereichszerspanung im Zickzack-Verfahren kann auch die Umfahrung einer Kontur programmiert werden, ähnlich dem Konturfräsen (CONMIL) in EXAPT3. Hierfür wird, als Abkürzung des englischen „go round“ (gehe herum), das Hauptwort GORND verwendet, wobei die Modifikatoren IN und OUT wieder die Lage des Werkzeugs zur Kontur angeben:

$$\text{GORND}/\begin{matrix}\text{IN}\\ \text{OUT}\end{matrix}\text{, skt}$$

Die Angabe der Z-Höhe, auf der die Bearbeitung erfolgen soll, erfolgt für beide Bearbeitungsarten mit Hilfe einer Startanweisung, wie sie im Abschnitt 8.1.2 beschrieben wurde. Dadurch wird gleichzeitig ein Startpunkt für die Werkzeugbewegungen gegeben, da grundsätzlich ein „Drei-Flächen-Start“ programmiert werden muß, wobei die Z-Höhe aus der (x-y-parallelen) Stückfläche abgeleitet wird. Zusätzlich zu den hier beschriebenen Formaten besteht die Möglichkeit, Schlichtaufmaße zu programmieren und zwischen Gleich- und Gegenlauffräsen zu wählen, worauf hier allerdings nicht näher eingegangen werden kann.

9. Programmtechnische Sprachaussagen

Die in den vorstehenden Abschnitten 7 und 8 erläuterten und durch Beispiele veranschaulichten Sprachaussagen bewirken mittelbar oder unmittelbar eine Aktion der programmierten Werkzeugmaschine. So bewirkt die Vorgabe einer Spindeldrehzahl in der SPINDL-Anweisung, daß bestimmte Getriebeteile aktiviert werden, um die gewünschte Drehzahl zu schalten. Die Vorgabe einer Sollposition durch eine GOTO-Anweisung aktiviert die Vorschubantriebe, um die Maschinenschlitten in die gewünschte Lage zu bringen. Die Definition eines Punktes bedarf dagegen erst des Aufrufes in einer Positionieranweisung, um als Maschinenkommando wirksam zu werden. Es ist auch denkbar und häufig notwendig, daß Definitionen nur als Zwischenschritt für weitere definierende Aussagen benötigt werden und nicht direkt als Position oder Führungsbahn des Werkzeuges wirken.

Gemeinsam ist allen diesen Sprachausagen, daß sie auf das Objekt der Programmierung – die Werkzeugmaschine – wirken und daß ihre Worte und Begriffe der Fachsprache der Fertigungstechnik entlehnt sind. Sie stehen damit im Gegensatz zu den nun zu beschreibenden programmtechnischen Sprachaussagen. Diese zielen mit ihrer Wirkung nicht auf das Programmobjekt, sondern man kann mit ihnen das Hilfsmittel der Programmierung – das Verarbeitungsprogramm – beeinflussen.

Bevor allerdings über mögliche Einwirkungen auf die Verarbeitung des Teileprogrammes durch das Verarbeitungsprogramm gesprochen werden kann, muß zunächst über die normale Verarbeitungsart berichtet werden. Dies wurde bisher bewußt vermieden, weil zuerst das fertigungstechnische Problem und seine sprachliche Formulierung im Vordergrund stehen sollte.

Diese einzelnen Sprachaussagen, die im allgemeinen jeweils einen bestimmten Tatbestand geometrischer, technologischer oder fertigungstechnischer Natur beschreiben, können mit den einzelnen Sätzen der natürlichen Sprachen verglichen werden. Genauso wie in den natürlichen Sprachen komplexere Texte durch die Aufreihung von Sätzen entstehen, werden Teileprogramme der NC-Sprachen durch eine Aufreihung von Anweisungen gebildet. Die durch die Aufreihung entstehende sequentielle Folge der einzelnen Anweisungen wird dann in dem zugehörigen Bearbeitungsablauf in eine zeitliche Folge von Bearbeitungsschritten umgesetzt.

Innerhalb dieses sequentiellen Ablaufes der Verarbeitung des Teileprogrammes durch den Sprachübersetzer sind üblicherweise steuernde Angaben wie

- Kennzeichnung von Anfang und Ende des Teileprogrammes,
- Aufruf oder Unterdrückung des Anpassungsprogrammes,
- Einfügen von erläuternden Kommentaren in das Teileprogramm,
- Steuerung der Ausgabeliste

erforderlich. Sie lassen sich unter dem Oberbegriff „Kontrollfunktion" zusammenfassen.

Daneben gibt es eine Gruppe von Sprachaussagen, die es gestatten, den sequentiellen Ablauf eines Teileprogrammes zu unterbrechen und eine oder mehrere Anweisungen durch Bildung von Programmschleifen oder Aufruf von zuvor definierten Unterprogrammen mehrfach ausführen zu lassen. Diese Programmiertechniken bieten sich zur Verwendung an, wenn es gilt, viele gleichartige Bearbeitungsschritte auszuführen oder eine Folge von Operationen nach bestimmten Gesetzmäßigkeiten zu variieren. Die hierfür einsetzbaren Anweisungen und ihre Handhabung werden unter der Bezeichnung „repetitive Programmierung“ zusammengefaßt.

9.1. Kontrollfunktionen

Wie schon eingangs erwähnt wurde, besteht ein Teileprogramm aus einer Folge von Anweisungen, wobei der Reihenfolge insofern eine besondere Bedeutung zukommt, weil sie in den zeitlichen Ablauf der Bearbeitung auf der Werkzeugmaschine umgesetzt wird. Diese sequentielle Bindung der Bearbeitungsvorgänge an die Folge der Anweisungen im Teileprogramm macht es erforderlich, daß beim Aufstellen des Programmes nicht nur die Auswahl der richtigen Anweisungen streng und diszipliniert erfolgen muß, sondern die gleiche Sorgfalt auch für die Reihenfolge ihrer Anordnung aufgewendet werden muß. Für die Kennzeichnung eines Teileprogrammes in Umfang und Reihenfolge folgt aus dieser Tatsache der sequentiellen Abarbeitung, daß nur noch Anfang und Ende des Teileprogrammes zu kennzeichnen sind.

In der Anfangskennzeichnung ist, aus Gründen der Zweckmäßigkeit, zusätzlich die Möglichkeit vorgesehen, das Teileprogramm zu identifizieren, d. h. durch Angabe einer Zeichnungsnummer, einer charakteristischen Bezeichnung oder anderer kennzeichnender Werte den Inhalt des nachfolgenden Programmes verwechselungsfrei zu beschreiben. Das hierfür verwendete Hauptwort lautet PARTNO, als Abkürzung des englischen „part number“ (Teil Nummer), und weist somit eindeutig auf den Inhalt der nachfolgenden Anweisungen, das Bearbeitungsprogramm für die Herstellung eines Werkstückes, hin.

Da andererseits keine Standardisierung von Werkstückidentifizierungen über Firmen und Ländergrenzen hinweg existieren, ist hinter dem Hauptwort eine Kette beliebiger alphanumerischer Zeichen zugelassen:

PARTNO/Zeichenkette

um so dem erforderlichen Freiheitsgrad Rechnung zu tragen.

Die Kennzeichnung des Programmendes benötigt keine zusätzlichen Angaben. Sie besteht daher lediglich aus dem Hauptwort

FINI

das als Abkürzung den englischen „finish" (Schluß) den Abschluß eines jeden Teileprogrammes bildet.

Im Abschnitt 5 wurde bereits erläutert, daß die Verarbeitung eines Teileprogrammes durch die Rechenanlage in zwei wesentliche Schritte gegliedert wird. Zuerst erfolgt die Bearbeitung des Teileprogrammes durch das Übersetzungsprogramm, wobei alle Berechnungen ausgeführt werden, die ohne detaillierte Kenntnis der zu programmierenden Werkzeugmaschine erfolgen können. Anschließend wird durch ein Anpassungsprogramm die allgemein aufbereitete Information in die für eine bestimmte Fertigungsanlage erforderliche Form gebracht. Üblicherweise verfügt man über mehrere Anpassungsprogramme, da diese jeweils nur für eine Werkzeugmaschine Gültigkeit haben.

Andererseits erfolgt normalerweise der Aufruf des Anpassungsprogrammes automatisch, so daß die Auswahl des Gewünschten mit Hilfe einer Sprachaussage im Teileprogramm erfolgen muß. Hierzu wird die Anweisung

MACHIN/name, . . .

benutzt, wobei die Verwendung des Begriffes Maschine, vom englischen „machine", aufgrund der Gleichwertigkeit zwischen Werkzeugmaschine und zugehörigem Anpassungsprogramm gerechtfertigt ist. Die Punkte hinter dem Namen des Anpassungsprogrammes sollen andeuten, daß hier Parameter an dasselbe übergeben werden können.

Manchmal will man den Rechnerlauf nach Abschluß der Verarbeitung durch das Übersetzerprogramm beenden. Dies kann

z. B. für Testläufe wünschenswert sein. Hierfür steht die Anweisung

NOPOST

als Abkürzung des englischen „no postprocessing" (keine Nachverarbeitung) zur Verfügung.
Zur Erhöhung der „Lesarbeit" von Teileprogrammen, d. h. zur Erläuterung der Bedeutung bestimmter Anweisungen oder Programmteile, ist es häufig angebracht, zusätzlichen Kommentartext in das Teileprogramm einzufügen. Da solche erläuternden Texte den Vorgang der Rechnerverarbeitung nicht beeinflussen sollen, müssen sie als nicht zu den Sprachaussagen gehörig gekennzeichnet werden. Diese Kennzeichnung erfolgt durch das Hauptwort REMARK, vom englischen „remark" (Anmerkung). Entsprechend der erforderlichen Freiheit in der Abfassung von Kommentaren ist hinter dem Hauptwort eine beliebige Zeichenkette zugelassen:

REMARK/Zeichenkette

Auf dem Ausgabeprotokoll der Rechnerverarbeitung eines Teileprogrammes wird normalerweise, neben etwaigen Fehlermeldungen des Übersetzerprogrammes, die Folge der Eingabeanweisung protokolliert.
In einigen Anwendungsfällen, z. B. zur Fehlersuche oder zur Überprüfung der errechneten Werkzeugbahnen, ist es wünschenswert, auch die vom Übersetzerprogramm erzeugten Ergebnisse in lesbarer Form auszugeben. Die Ergebnisse, die als Eingabe für das Anpassungsprogramm dienen, enthalten im wesentlichen die Folge der Werkzeugpositionen, die nacheinander anzufahren sind. Sie werden deshalb mit der Kurzbezeichnung CLDATA belegt, wobei die beiden ersten Buchstaben CL abkürzend für den englischen Begriff „cutterlocation" (Werkzeug-Position) stehen. Das Ausdrucken dieser Daten kann wahlweise erfolgen und muß mit der Anweisung

CLPRNT

als Abkürzung für „cutter-location print" (Werkzeug-Position ausdrucken) angefordert werden.

Neben den hier beschriebenen Kontrollfunktionen gibt es noch weitere Eingriffsmöglichkeiten zur Steuerung der Teileprogrammverarbeitung. Sie setzen aber im Allgemeinen detaillierte Kenntnisse über den Aufbau und Ablauf des Übersetzerprogrammes voraus, so daß eine nähere Erläuterung hier nicht erfolgen kann.

9.2. Repetitive Programmierung

Der wesentliche Gesichtspunkt, der für die Verwendung der Möglichkeiten repetitiver (d. h. wiederholender) Programmierung spricht, liegt darin, daß bei Wiederholungen geometrischer Formen oder technologischer Abläufe an einem Werkstück nicht jeder einzelne Vorgang mit den entsprechenden Sprachaussagen beschrieben werden muß. Vielmehr genügt es, den zu wiederholenden Vorgang einmal zu beschreiben und anschließend das Bildungsgesetz der Wiederholung festzulegen. Für diese Vorgänge sind die sprachlichen Möglichkeiten zur Ausführung von Rechenoperationen von grundlegender Bedeutung, weshalb sie kurz erläutert werden sollen.

In den Sprachen der APT-Familie kennt man neben den Symboltypen für geometrische und technologische Sachverhalte, wie Punkt, Kreis, Kontur und Gewindebohrung, Plandrehbearbeitung oder Taschenfräsen, auch den Typ der „arithmetischen Variablen", die im Gegensatz zu den vorgenannten Typen nur einen reinen Zahlenwert repräsentiert. Mit diesen Zahlensymbolen lassen sich Rechenoperationen der vier Grundrechnungsarten ausführen, die durch Sonderzeichen

+ addieren
- subtrahieren
* multiplizieren
/ dividieren

programmiert werden. Das Ergebnis solcher arithmetischen Operationen kann dann entweder in Form einer „arithmetischen

Ergibtanweisung" durch Zuweisung eines Namens mit Gleichheitszeichen (analog zu der Symbolangabe in Definitionen) festgehalten werden oder direkt stellvertretend für einen Zahlenwert in einer Anweisung geschrieben werden, was im folgenden Beispiel verdeutlicht wird:

```
A = 3              oder
B = 5*A                 GOTO/3, (5*3)
GOTO/A, B
```

Zusätzlich zu diesem arithmetischen Fähigkeiten der Programmiersprache wird für die repetitive Programmierung ein Steuermechanismus benötigt, mit dessen Hilfe die rein folgegebundene Verarbeitung der Anweisungen in der vorgegebenen Reihe wahlweise unterbrochen und umgesteuert werden kann. Hierfür sind einerseits Sprunganweisungen nötig, die von Fall zu Fall die Unterbrechung der sequentiellen Verarbeitung fordern, und zum anderen die Kennzeichnung von Anweisungen als Sprungziel durch eine „Anweisungsmarke". Die Zuordnung von Anweisungsmarken zu einer Anweisung erfolgt durch Voransetzen der symbolischen Marke vor die Anweisung und Abgrenzung durch eine schließende Klammer:

```
sa) Anweisung
```

wobei die „Anweisung" irgendeine gültige Anweisung – definierend exekutiv oder programmtechnisch – sein kann.

Die Sprunganweisungen unterteilt man mit Bezug auf ihre Ausführung in unbedingte und bedingte Sprunganweisungen. Die unbedingte Sprunganweisung gebietet in jedem Falle die Unterbrechung des sequentiellen Ablaufes der Teileprogrammverarbeitung und das Fortführen der Verarbeitung bei der Anweisung, deren Anweisungsmarke in der unbedingten Sprunganweisung aufgeführt ist:

```
JUMPTO/sa
```

Die Vokabel JUMPTO, vom englischen „jump to" (springe nach), fordert, daß die Verarbeitung mit der Anweisung fortgeführt wird, die durch die Marke sa gekennzeichnet ist. Mit unbedingten Sprüngen allein ließen sich allerdings keine sinnvollen Programmwiederholungen aufbauen.

Die bedingte Sprunganweisung dagegen macht das Sprungziel von einer Bedingung abhängig. Diese Bedingung ist der zu errechnende Wert eines arithmetischen Ausdruckes, wobei entsprechend den drei unterschiedenen Ergebnissen – positiv, null, negativ – drei verschiedene Sprungziele angesteuert werden können:

```
IF(aa) sa1, sa2, sa3
```

wobei, in Anlehnung an die FORTRAN-Konvention, folgende Zuordnung zwischen dem Wert des arithmetischen Ausdruckes aa und dem angesteuerten Sprungziel besteht:

aa: negativ – Sprungziel sa1
aa: null – Sprungziel sa2
aa: positiv – Sprungziel sa3

Ein Beispiel, in dem durch mehrfache Zustellung und anschließendem Rückhub in Z-Richtung ein Tieflochbohren ausgeführt wird, soll die Anwendung der Sprunganweisungen verdeutlichen:

```
        I = 0
WIEDER) I = I + 1
        IF (I - 10) WEITER, WEITER, ENDE
WEITER) GODLTA/(- I*10)
        GODLTA/I*10)
        JUMPTO/WIEDER
ENDE)   ....
```

Aufgelöst in die einzelnen ausführbaren Anweisungen, wobei die Ergebnisse arithmetischer Operationen bereits als Zahlenwerte eingetragen sind, ergibt die Programmschleife:

```
I=0
I=1
GODLTA/-10
GODLTA/10
I=2
GODLTA/-20
GODLTA/20
I=3
:
:
I=10
GODLTA/-100
GODLTA/100
I=11
. . . . (Anweisung mit der Marke ENDE)
```

Dieses Beispiel ließe sich zur Vermeidung der JUMPTO-Anweisung wie folgt umschreiben:

```
         I=1
WIEDER)  GODLTA/(-I*10)
         GODLTA/(I*10)
         I=I+1
         IF(I-10) WIEDER, WIEDER, ENDE
ENDE)    . . . .
```

Den vollen Nutzen aus den Möglichkeiten, die die Sprunganweisungen eröffnen, zieht man im allgemeinen nur in Verbindung mit geschachtelten Definitionen und/oder indizierten Symbolen. Dies basiert in erster Linie darauf, daß Doppeldefinitionen, d. h. die Zuweisung neuer Definitionswerte zu einem bereits verwendeten Symbol, üblicherweise nur für arithmetrische Variable nicht aber für geometrische und technologische Definitionssymbole zugelassen sind.

Eine weitere, mehr formale Notwendigkeit im Zusammenhang mit Programmschleifen ist der Gebrauch der Anweisungen:

```
LOOPST              und
LOOPND
```

Als Abkürzung des englischen „loop start" und „loop end" (Schleife Anfang, Schleife Ende) dienen sie dazu, den Bereich der Anweisungen zu begrenzen, innerhalb derer Programmschleifen durch Sprunganweisungen aufgebaut werden können. Diese Anweisungen resultieren mehr aus Gründen des Aufbaues der Übersetzerprogramme als aus sprachlichen Notwendigkeiten. Sie müssen trotzdem am Anfang und Ende des Bereiches einer Programmschleife stehen, so daß das kleine Beispiel komplett folgendes Aussehen hat:

```
         I=1
         LOOPST
WIEDER)  GODLTA/(-I*10)
         GODLTA/(I*10)
         I=I+1
         IF(I-10) WIEDER, WIEDER, ENDE
ENDE)    LOOPND
```

Mit dieser Möglichkeit der Bildung von Programmschleifen lassen sich Bearbeitungsaufgaben mit sich wiederholenden Abläufen, zugeschnitten auf den jeweiligen Fall, jeweils an der erforderlichen Stelle im Teileprogramm aufführen. Wie das vorstehende Beispiel zeigt, lassen sich damit, verglichen mit der rein sequentiellen Programmierung, schon erhebliche Einsparungen an Programmieraufwand erzielen. Auch die Möglichkeit, Entscheidungen vorprogrammierbar zu machen in der IF-Anweisung, ist ein nicht zu unterschätzendes Faktum, da es gestattet, systematisierte Lösungen für ein bestimmtes fertigungstechnisches Problem zu präparieren. Diese Algorithmisierung der Problemlösung ist gerade für das stark in der Empirie wurzelnde Gebiet der Fertigungstechnik von großer Wichtigkeit.

Die Möglichkeiten, die die Programmschleifen eröffnen, sind unter diesem Aspekt aber noch nicht voll befriedigend. Vielmehr müßte es zusätzliche Sprachaussagen geben, die es gestatten, eine einmal definierte Folge von Anweisungen mehrfach an beliebigen Stellen des Teileprogrammes, d. h. an wählbaren Punkten des Bearbeitungsablaufes, aufzurufen, ohne daß die gesamte Folge erneut aufgeführt werden muß. Zusätzlich sollte dann die Möglichkeit bestehen, durch Variierung von Parametern, die Flexibilität in der Anwendung zu erhöhen.

Diese beiden Forderungen werden abgedeckt von den Sprachaussagen zur Definition und zum Aufruf von Unterprogrammen. Diese Unterprogramme, die auch häufig mit dem definierenden Hauptwort MACRO als Macros bezeichnet werden, bestehen aus einer Folge von Anweisungen, denen zur Kennzeichnung des Anfanges und zur Angabe der veränderbaren Werte eine MACRO-Anweisung vorangestellt werden muß:

sm = MACRO oder
sm = MACRO/fp1, fp2, . . ., fpn oder
sm = MACRO/fp1=nw1, fp2=nw2, . . ., fpn=nwn

wobei durch das Symbol sm das Unterprogramm einen Namen erhält, mit dem es wieder aufgerufen werden kann. Die formalen Parameter fpi sind Namen von Sprachelementen folgender Anweisungen, die variabel, d. h. von Aufruf zu Aufruf, veränderbar sein sollen. Die Zuweisung von Normalwerten nwi kann erfolgen, um zu ermöglichen, daß für selten veränderte Werte in jedem Aufruf der Standard- oder Normalwert zugewiesen werden muß. Die Auswahl zwischen den drei Formen der MACRO-Anweisung besagt, daß nicht jedes MACRO Parameter enthalten muß und daß nicht jedem Formalparameter ein Normalwert zugewiesen werden muß.

Den Abschluß eines jeden Macros muß man mit der Anweisung:

TERMAC

als Abkürzung des englischen „terminate macro“ (beende Macro) angeben. Somit klammern die MACRO- und TERMAC-Anweisungen ein Unterprogramm genauso ein wie die LOOPST- und LOOPND-Anweisungen eine Programmschleife.

Würde man die im vorigen Beispiel angeführte Programmschleife unverändert in ein Unterprogramm zum wiederholten Aufruf umwandeln, so hätte dies folgendes Aussehen:

```
        TIFBOR=MACRO
        I=1
WIEDER) GODLTA/(-I*10)
        GODLTA/(I*10)
        I=I+1
        IF(I-10) WIEDER, WIEDER, ENDE
ENDE)   TERMAC
```

Will man dagegen eine zusätzliche Flexibilität durch veränderbare Parameter erzeugen, so bieten sich hierfür einerseits die Bohrtiefe (von 10 mm) und die Anzahl der Reversierungen (von 10) an, die anstelle von Konstanten Zahlenwerten als Parameter vereinbart werden müssen. Hierfür erhält das Beispiel folgendes Aussehen:

```
        TIFBOR=MACRO/HUB, MAX
        I=1
WIEDER) GODLTA/(-I*HUB)
        GODLTA/(I*HUB)
        I=I+1
        IF (I-MAX) WIEDER, WIEDER, ENDE
ENDE)   TERMAC
```

Falls die in der Programmschleife angesetzten Werte von 10 Reversierungen und 10 mm Tiefenzuwachs so häufig benutzt werden, daß es sich lohnt, sie vorzuprogrammieren, ohne daß die Möglichkeit des Einsetzens anderer Werte verlorengeht, kann man Normalwerte zuweisen. Dann ändert sich gegenüber dem letzten Beispiel lediglich die MACRO-Anweisung selbst:

```
TIFBOR = MACRO/HUB = 10, MAX = 10
```

Das eigentliche Unterprogramm oder der „Macrorumpf", wie man sagt, ändert sich nicht.

Durch die vorstehend beschriebenen Methoden der Definition eines Unterprogrammes, erreicht man lediglich, daß das Übersetzerprogramm die zwischen der MACRO- und TERMAC-Anweisung eingeklammerten Anweisungen als eine Folge wiederaufrufbarer Sprachaussagen speichert. Der Aufruf, d. h. die eigentliche Verarbeitung dieser Anweisung, erfolgt erst, wenn dies durch eine entsprechende Aufruf-Anweisung verlangt wird. Hierfür wird, abgeleitet vom englischen „call" (rufe) die CALL-Anweisung verwendet, die zwei verschiedene Formen haben kann:

CALL /sm
CALL /sm, fp1=ap1, . . ., fpn =apn

Die erste Form, in der lediglich das auszuführende Unterprogramm durch seinen Definitionsnamen aufgeführt wird, ist anwendbar auf Macros, die keine Formalparameter besitzen (Definitionsform des ersten Beispiels) oder auf Macros, bei denen die Parameterwerte gegenüber den Normalwerten nicht verändert werden brauchen (Definitionsform des dritten Beispiels). Sind dagegen, wie im zweiten Definitionsbeispiel, keine Normalwerte vorgegeben oder sollen diese für diesen einen Aufruf geändert werden, so müssen sie entsprechend der zweiten Form der Aufrufanweisung den Formalparametern zugewiesen werden. Dementsprechend würde ein Aufruf der vorprogrammierten Werte lauten:

CALL/TIFBOR

Eine Veränderung des Arbeitsablaufes dergestalt, daß nur noch fünf Reversierungen zu 20 mm Tiefenzustellung erfolgen, können folgendermaßen aufgerufen werden:

CALL/TIFBOR, MAX=5, HUB=20

Die Reihenfolge der Parameter wurde bewußt gegenüber der Definition vertauscht, um anzuzeigen, daß die Zuordnung über die Namen der Parameter erfolgt und nicht über ihre Reihenfolge.

Es konnten hier anhand des simplen Beispiels nur die Grundbegriffe der repetitiven Programmierung dargestellt werden. Ein tieferes Eingehen auf diese Dinge ist vom Umfang her nicht zu vertreten. Es sei aber darauf hingewiesen, daß eine intensive

Beschäftigung mit den Methoden der wiederholenden Programmierung erforderlich ist, um komplexe Fertigungsabläufe unter Einschluß der erforderlichen Fallunterscheidungen in Form von vorprogrammierten Unterprogrammen verfügbar zu machen.

Literatur

[1] APT (Automatically Programmed Tools). New York 1969.

[2] APT – Handbuch für Teileprogrammierer. IBM Form 80742-0. Sindelfingen 1969.

[3] *Bauer, F. L.* u. a.: Moderne Rechenanlagen. Stuttgart 1964.

[4] *Claußnitzer, R.:* Rechnergestützte Programmierung ohne eigenen Großrechner. In: TZ f. prakt. Metallbearbeitung Bd. 66 H. 9 S. 79/85 (1972).

[5] EXAPT1 Sprachbeschreibung. Verein zur Förderung des EXAPT-Programmiersystems. Aachen 1969.

[6] EXAPT2 Sprachbeschreibung. Verein zur Förderung des EXAPT-Programmiersystems. Aachen 1969.

[7] EXAPT3 Sprachbeschreibung. Verein zur Förderung des EXAPT-Programmiersystems. Aachen 1972.

[8] *Fetzer, H.:* Maschinelles Programmieren von NC-Maschinen mit Kleinrechnern. In: TZ f. prakt. Metallbearbeitung Bd. 64 H. 2 S. 89/93 (1970).

[9] *Hirsch, B.:* Ein System zur Ermittlung von Zerspanungsvorgabewerten insbesondere bei rechnergestützter Programmierung von numerisch gesteuerten Drehmaschinen. Diss. RWTH Aachen 1969.

[10] *Maßberg, W.:* Der Einfluß der Vielgestaltigkeit eines Werkstückes auf den wirtschaftlichen Einsatz numerisch gesteuerter Werkzeugmaschinen und maschineller Programmierverfahren. Diss. RWTH Aachen 1965.

[11] NC-Maschinen-Datenverarbeitungsanlagen-Maschinelle Programmierung. H. 1 (1968), H. 2 (1970) Stuttgart-Vaihingen.

[12] *Simon, W.:* Die numerische Steuerung von Werkzeugmaschinen. 2. Aufl. München 1970.

[13] 2CL Part Programming Reference Manual. National Engineering Laboratory. East Kilbride 1972.

Verzeichnis der erläuterten Sprachworte

Verzeichnis der Stichworte

FSC
www.fsc.org
MIX
Papier | Fördert
gute Waldnutzung
FSC® C083411

Zeitfracht Medien GmbH
Ferdinand-Jühlke-Straße 7
99095 Erfurt, Deutschland
produktsicherheit@kolibri360.de